세계는 넓고 갈 곳은 많다 4

〈일러두기〉

1. 오세아니아 국가들의 개요와 역사 그리고 나라마다 주요 명승지 소개는 개별국가마다 현지 원주
   민 가이드들의 설명을 참고삼았다.
2. 각 국가의 개략적인 개요는 네이버 지식백과와《두산세계대백과사전》, 《계몽사백과사전》을 참조
   하였음을 밝힌다.

넓은 세상 가슴에 안고 떠난 박원용의 세계여행 '오세아니아편'

# 세계는 넓고 갈 곳은 많다 4

| | |
|---|---|
| **초판 1쇄 인쇄일** | 2024년 1월 4일 |
| **초판 1쇄 발행일** | 2024년 1월 11일 |
| **지은이** | 박원용 |
| **펴낸이** | 최길주 |
| **펴낸곳** | 도서출판 BG북갤러리 |
| **등록일자** | 2003년 11월 5일(제318-2003-000130호) |
| **주소** | 서울시 영등포구 국회대로72길 6, 405호(여의도동, 아크로폴리스) |
| **전화** | 02)761-7005(代) |
| **팩스** | 02)761-7995 |
| **홈페이지** | http://www.bookgallery.co.kr |
| **E-mail** | cgjpower@hanmail.net |

ⓒ 박원용, 2024

ISBN 978-89-6495-284-9 04980
    978-89-6495-203-0 (세트)

넓은 세상 가슴에 안고 떠난 박원용의 세계여행 오세아니아 편

# 세계는 넓고
# 갈 곳은 많다

**박원용** 글 · 사진

BG 북갤러리

# 추천사

## 다른 오세아니아 여행서보다
## 생생한 여행정보로 감동을 준 책!

'여행은 과거에서부터 현재 그리고 미래까지를 만나기 위해 가는 것'이라 했습니다.

저자는 33년 전부터 여행을 시작하여 2019년 말까지 유엔 가입국 193개 국 중 내전 발생으로 대한민국 국민이 갈 수 없는 몇 개국을 제외한 지구상 에 존재하는 모든 국가를 다녀온 분입니다. 특히 오지라고 불리는 아프리카 와 중남미, 남태평양은 말할 것도 없거니와 한국인으로서 오세아니아 섬나 라 전 지역을 한 나라도 빠짐없이 방문한 분이라 여행에 대한 취미와 열정 이 남다릅니다.

'여행을 아는 자는 여행을 좋아하는 자에 미치지 못하고 여행을 좋아하는 자는 여행을 즐기는 자에 미치지 못한다.'라고 했습니다. 저자께서는 지구상에서 여행을 가장 즐기는 분입니다.

저자 박원용 선생님은 여행지의 계획이 서게 되면 다녀온 여행지와 중복은 되지 않는지, 중요한 명소가 빠져 있지는 않았는지 여행 출발 전에 현지 정보를 꼼꼼하게 충분히 검토하여 자료를 정리하고 난 후 여행을 시작하는 것을 원칙으로 합니다.

그리고 일행들과 오지 여행을 하고 돌아오면서 방문하기 힘든 이웃 국가가 여행지에서 빠져 있으면 위험을 무릅쓰고서라도 다녀옵니다. 아프리카, 남태평양 등의 오지 국가를, 그것도 한두 번이 아니고 여러 차례에 걸쳐 혼자 여행을 마치고 오는 분이라는 것을 오지 전문여행사 대표인 제가 많이도 봐 왔습니다. 여행사를 운영하는 저희도 상상하지 못할 일입니다. 여행에 있어서 본받을 점이 헤아릴 수 없이 많아 저희에게 귀감이 되는 저자는 한마디로 '진정한 여행 마니아'라고 할 수 있습니다.

이번 오세아니아 여행서는 저자가 현지 여행에 밝은 현지인이나 오세아니아 현지에서 오랫동안 거주하고 있는 한국인을 찾아서 보다 많은 여행정보를 수집하고 충분한 시간을 가지고 일반 여행자들이 필히 가봐야 할 유명 여행지 위주로 담았습니다. 오세아니아 각 개별국가 중 어느 하나의 국가라도 처음 방문하거나 오세아니아에 관심을 두고 오세아니아 여행에 궁금한 점이 많은 여행자에게는 여타 오세아니아 여행서에 비해 다양하고 생생한 여행정보로 더 큰 감동을 드릴 것이라 확신합니다.

끝으로 박원용 선생님의 제1권 '유럽편'에 이어 제2권 '남·북아메리카편', 제3권 '아프리카편', 제4권 '오세아니아편' 여행서 출간을 진심으로 축하드리며, 이어서 새롭게 선보이게 될 '아시아편'으로 인해 세계 모든 국가의 방문기가 벌써부터 기대가 됩니다.

오지전문여행사 〈산하여행사〉

대표이사 **임백규**

# 오세아니아 전 지역 국가들을
# 이 책 한 권에 모두 담았다

　한 권의 분량으로 오세아니아 전 지역 유엔회원국 15개국을 비롯해서 비회원국과 해외 영토들 그리고 북극과 남극을 여행지와 역사에 대한 내용으로 소개한다는 것은 매우 어려운 일이라 생각된다. 예를 들어 경북 경주시를 가서 고적을 두루 살펴보려면 일주일이 소요될 것이다. 그러나 불국사, 다보탑, 석가탑, 박물관 등 꼭 봐야 할 명소만 골라서 요약해 보면 1박 2일 정도면 충분할 것이다. 이러한 심정으로 오세아니아 전 지역 국가들을 하나도 빠짐없이 이 책 한 권에 모두 담으려고 노력하였다.

　'오스트랄라시아'의 오스트레일리아(호주)와 뉴질랜드를 시작으로 태평양상의 점점이 흩어져 있는 '멜라네시아'의 피지와 솔로몬군도, 바누아투, 뉴칼레도니아, 동티모르, 파푸아뉴기니, '미크로네시아'의 팔라우와 미크로네시아연방, 마셜군도, 키리바시, 나우루, '폴리네시아'의 서사모아와 통가, 투발루, 쿡 아일랜드, 아이투타키, 타히티, 보라보라, 무레아 그리고 북극과 남극을 포함하여 오세아니아 전 지역 국가들을 하나도 빠짐없이 이 책 한 권에 모두 담았다.

역사는 시간에 공간을 더한 기록물이라고 한다. 너무 많은 양의 역사를 여행서에 보태면 역사책으로 변질될까 우려되는 마음에 역사를 음식의 양념처럼 가미시켜서 언제, 어디서나 집중적으로 흥미진진하게 읽을 수 있게끔 노력하였다. 그러나 이번 오세아니아 여행서는 일반인들이 자주 접할 수 없는 여행지역이며 다수의 국가들은 이름조차 생소하고 적도를 중심으로 해서 남태평양상으로 점점이 흩어져 있는 도서국가들이다. 이들 도서국가들은 서구의 문명이 조금씩 밀려오고 있지만 일부 국가들은 아직도 원시 열대문화와 고유의 전통문화를 고스란히 간직하고 자기들 나름대로 정체성을 잃지 않고 잘 지켜나가고 있다.

누구나 오세아니아 개별국가들의 개요에 관한 내용을 사실적으로 인지해야 이 책을 읽거나 오세아니아를 여행할 시에 이해하기가 쉽다.

또한 책 속에 수록된 내용과 지식으로 여행에 관심이 많은 분들께 조금이나마 도움이 되었으면 하는 마음에 지리적으로 국가의 위치나 근대사에 관계되는 내용을 보다 많은 설명을 하기 위해 노력하였다. 그리고 생생한 개별국가의 현장들을 독자들에게 눈으로나마 대리만족에 기여해볼까 해서 현장취재 사진과 현지 여행안내서에 수록된 사진들을 이 책 한 권에 모두 담아보려고 열과 성의를 다했다.

한 시대를 살아간 수많은 사람에 의해서 역사는 이루어지고 사라져 간다. 그래서 나라마다 국가와 민족이 살아서 움직이고 있기에 문화와 예술도 만들어지고 소화 흡수되어 없어지기도 한다. 나라마다 과거와 현재에 대한 역사를 올바르게 인식하고 여행을 해야만 여행자들의 삶의 질이 진정으로 향상되고 성숙되어 간다고 생각한다.

필자는 역사와 문화를 배우는 데 있어 가장 효율적인 방법이 여행이라고 믿어 의심치 않는다. 현장에 가서 직접 보고, 듣고, 느끼고, 감동을 받기 때문이다. 백문이 불여일견(百聞 不如一見)이라고 한다. '백 번 듣는 것보다 한 번 보는 것이 낫다.'는 말이다. 이 말은 여행을 하고 나서 표현하는 방법으로 전해오고 있다. 서호주에서 캥거루고기, 낙타고기, 악어고기 등을 생전 처음 시식을 해보는 즐거움, 뉴질랜드에서 저 푸른 초원 위에 개 한 마리가 수백 마리의 양떼들을 한 줄로 인솔하는 모습에서 눈을 떼지 못하는 아름다운 전경, 남태평양 섬나라에서의 스노클링, 워터슬라이드, 글라스 바텀보트 등으로 해양스포츠를 즐겨보는 보람, 북극에서 쇄빙선을 타고 추위를 무릅쓰고 북극곰, 북극고래, 북극여우, 북극물개, 바다사자, 바다코끼리 등을 관찰하기 위해 북극해와 북극 툰드라지역을 누비고 다니던 추억, 남극지역에서 펭귄마을을 찾아다니며 펭귄의 생태계를 관찰하고 남극 땅에서 태극기를 손에 잡고 기념촬영을 하는 순간들은 살아생전 잊지 못할 추억이 되었으며 인간으로 태어나서 삶의 보람을 느낄 수 있는 가슴 벅찬 감동의 순간들이라 아니할 수 없다.

이 책은 독자들이 새가 되어 오세아니아 국가마다 상공을 날아가며 여행하듯이 적나라하게 표현하였다. 그리고 여행을 진정으로 좋아하는 사람들과 시간이 없어 여행을 가지 못하는 이들, 건강이 좋지 않아서 여행을 하지 못하는 사람들, 여건이 허락되지 않아 여행을 가지 못하는 분들께 이 책이 조금이나마 도움이 되고 보탬이 되었으면 한다.

쉬는 날 휴가처나 가정에서 이 책 한 권으로 오세아니아 전 지역과 남극 북극 여행을 기분 좋게 다녀오는 보람과 영광을 함께 갖기를 바라며 바쁘게 살아가는 와중에도 인생의 재충전을 위하여 바깥세상 구경 한 번 해보라고 권하고 싶다. 분명히 보약 같은 친구가 될 것이다.

끝으로 이 책이 제1권에 이어서 제2권 그리고 제3권 또 제4권이 이 세상에 나오게끔 지구상 오대양 육대주의 어느 나라이든 필자가 원하는, 가보지 않은 나라 여행을 위하여 적극 협조해준 〈산하여행사〉 대표 임백규 사장님과 여행길을 등불처럼 밝혀준 박동희 이사님, 이 책을 쓰고 난 다음 기초작업을 적극적으로 도와준 대구 중외출판사 오성영 실장님, 고객들이 바라는 출판조건에 적극적으로 협조를 아끼지 않으시고 정직하고 성실하게 출판업을 하시는 도서출판 BG북갤러리 대표 최길주 사장님 그리고 삶을 함께하는 우리 가족들과 모두에게 깊은 감사를 드리며, 모두의 앞날에 신의 가호와 함께 무궁한 발전과 영광이 늘 함께하기를 바란다.

2023년 12월 대구에서 박원용

# 차례 Contents

## Part 1. 오스트랄라시아 Australasia

## Part 2. 멜라네시아 Melanesia

# Part 3. 미크로네시아 Micronesia

# Part 4. 폴리네시아 1 Polynesia 1

# Part 5. 폴리네시아 2 Polynesia 2

# Part 6. 북극과 남극 The Arctic And The Antarctica

# Part 1.
# 오스트랄라시아
## Australasia

# 호주 Australia

호주(Australia)는 1770년 영국의 제임스 쿡(James Cook) 선장이 보타니 베이(Botany Bay)에 정박하기 전까지 애버리지니(Aborigine)라 불리는 호주 원주민들이 평화롭게 지냈던 지구 남반구(Down Under)의 대륙이다. 10년 후인 1780년 영국에서 약 75%의 죄수들과 관료들이 시드니항 더 록스(The Rocks)에 정착하여 각종 건축구조물 등을 세우면서 인구가 증가하고 1793년에는 자유이민이 시작되었다. 특히 1851년 호주에서는 금이 발견되면서 '골드러시'가 일어나 중국에서 채광 노무자들 수만 명이 이주하면서 약 10년 후에는 인구가 1백만 명에 육박하였다.

이 시기 1860년에 호주에는 백호주의 조합이 생겨 백인 만의 이민정책이 이루어졌다. 1901년에는 호주 연방제가 탄생하고 자치제가 이루어졌으며, 1926년에 영국의 종주권을 인정하면서도 사실상 독립을 하였다.

국토 면적은 769만 km²로 한반도의 약 35배이며, 총면적의 90% 이상이 사막이나 고원으로 이루어져 있다. 주요 도시들은 해변의 수목 지대를 중심으로 형성되어 있으며, 평균 고도는 약 300m이다.

전체 인구는 약 2,607만 명으로 여섯 개의 주와 두 개의 자치령으로 구성된 연방 국가이다(정확한 국가 명칭은 Commonwealth of Australia). 인구는 뉴 사우스 웨일스(New South Wales)가 가장 많고 그다음이 빅토리아(Victoria), 퀸즐랜드(Queensland), 서호주(Western Australia), 남호주(South Australia), 태즈메이니아(Tasmania) 순이다.

호주는 해안을 중심으로 도시들이 발달했는데, 가장 큰 도시는 시드니(Sydney)로 인구가 약 531만 명이고, 인구 321만 명의 멜버른(Melbourne), 인구 256만 명의 브리즈번(Brisbane)이 그 뒤를 잇는다. 호주의 수도는 캔버라(Canberra), 정확한 명칭은 Australian Capital Territory(ACT))로 인구는 약 43만 명이다.

남반구에 있어 계절이 한국과 정반대이다. 봄은 9~11월, 여름은 12~2월, 가을은 3~5월, 겨울은 6~8월이며, 여름은 우기로 평균 기온 27℃, 겨울은 건기로 13℃의 평균 기온을 나타낸다. 전체 대륙이 남위 10.41°~43.39°에 걸쳐 있어 여러 개의 기후대를 가지고 있으며, 북쪽에서부터 열대우림 기후, 열대성 기후, 아열대성 기후, 온대성 기후로 나누어진다. 대륙의 중앙부는 사막성 기후를 나타내며 전반적으로 건조하고 일교차가 큰 특징이 있다.

전체 인구의 90% 이상이 백인이며, 호주 교민은 약 2만 3천 명으로 추산된다.

사용언어는 영어로, 영국 영어에 가깝다. 1960년부터 실시된 복지정책의 성공으로 짧은 역사에도 불구하고 지구환경 보존과 국민건강 복지가 가장 잘 이루어지고 있는 국가로 손꼽힌다.

종교는 성공회 24%, 천주교 26%, 감리교 2.6%, 연합회 7.6%, 장로교 3.6% 등이다.

전압은 220V~240V/50Hz를 사용하고 있다. 콘센트가 우리와 달리 세 개의 구멍으로 되어 있어 국내의 전자제품은 사용할 수 없다. 전자제품을 가져갔을 경우 호텔에 2개짜리 어댑터를 요청하여 사용할 수 있다.

통화 단위는 호주 달러(Australian Dollar=A$)와 센트(Cent=¢)가 있다. 미국 달러와 구분하기 위하여 A$로 표기하며, A$1=100센트이다. 지폐는 A$5, A$10, A$20, A$50, A$100의 다섯 종류가 있고, 동전은 A¢5, A¢10, A¢20, A¢50, A¢100와 A$1, A$2(금색 동전)로 여섯 종류가 있다.

출입국 시 유의할 사항으로 입국 시에는 비행기가 착륙한 후에 Exit 표시가 되어 있는 출구로 나간 후에 입국심사대에서 기내에서 작성한 출입국 카드(E/D 카드)를 제시하고 몇 가지 질문에 대답한 후에 짐을 찾은 후 세관 신고대로 가는데 신고할 물건이 없다면 'nothing to declare'가 쓰인 곳에 가서 세관신고서를 제시한다. 출국 시에는 한국에서 출국할 때와 같은 과정으로 출국하면 되는데, 주의할 것은 72시간 전에 항공 스케줄을 재확인한다. 그렇게 하지 않으면 예약이 취소될 수도 있기 때문이다. 입국 통관 시에 음식물, 의약품 등을 가지고 들어갈 수 없다. 철저히 조사하여 발견하면 즉시 압수당한다. 또한 고추장, 마늘, 김치, 된장 등도 빼앗긴다.

세관 관련 사항(면세범위) 등은 동·식물, 식료품을 소지한 경우 입국 시에 세관 신고를 반드시 해야 한다. 신고하지 않으면 A$110을 벌금으로 현장에서 부과하며, 중과실 범죄에 대해서는 A$5,000와 10년 이하의 징역형에 처할 수 있으므로 주의해야 한다.

면세범위는 18세 이상 여행자의 경우 담배 10갑, 위스키 1병, A$150 상당의 모피제품, A$400 정도의 선물 등이다. 반입 금지 품목은 우유 및 유제품, 식물 종자나 이를 이용한 제품, 튀김 강냉이, 굽지 않은 생 열매, 달걀 및 달걀을 재료로 한 제품, 신선한 과일 및 채소류, 육류 및 모든 종류의 돈육제품, 연어와 송어 제품, 살아있는 식물, 생물학적 제재, 흙과 모래, 녹용, 녹각 등이 있다.

외국인 금기사항은 쓰레기를 아무 곳에나 버리면 벌금 A$300을 내야 한다. 껌 껍데기나 담배꽁초를 버렸을 때는 A$300을 내야 하고, 강이나 바다를 더럽히면 A$600을 내야 하므로 주의하도록 한다. 담배를 피울 때는 반드시 흡연 구역에서 피워야 한다.

복장과 의복 관련 사항을 요약하면 오스트레일리아는 남반구에 위치하기 때문에 우리나라와 정반대 기후를 보인다. 9~11월은 봄, 12~2월은 여름, 3~5월은 가을, 6~8월은 겨울에 해당한다. 북쪽으로 갈수록 더워지며, 남쪽으로 갈수록 추워지므로 복장에 유의하여 준비해야 한다. 여름에는 반바지, 반소매, 자외선을 가릴 수 있는 긴 소매 옷도 몇 벌 가져가는 것이 좋다. 또한 수영복, 모자, 선글라스는 자외선을 차단하는 데 유용하기 때문에 준비해야 한다. 겨울에는 두꺼운 점퍼와 스웨터를 준비한다. 남쪽은 다른 지역보다 훨씬 추우므로 두꺼운 옷가지를 휴대하는 것이 바람직하다. 여행하는 동안 기후에 적합한 옷가지를 준비하는 것이 여행을 편하고 기분 좋게 만들 것이다.

오스트레일리아에서는 팁 문화가 없다. 하지만 호텔, 레스토랑에서는 특별

시드니(출처 : 현지 여행안내서)

한 일을 부탁할 때, 택시에 무거운 짐을 실을 때에는 감사의 표시로서 A$1을 주며, 고급 레스토랑에서는 지급 금액의 10~15%를 팁으로 지급한다.

시드니는 호주에서 가장 오랜 역사가 있으며, 뉴사우스웨일스주의 주도이다. 호주 최대의 도시로 1770년 제임스 쿡(J. Cook) 선장이 이끄는 탐험대에 의해 시드니 항만이 최초로 발견되었다.

시드니는 세계 3대 미항인 시드니항과 코발트 빛 바다와 어우러지는 오페라하우스를 볼 수 있는 아름다운 도시로 호주의 경제 · 문화의 중심지로 남위 34°에 위치하며 온대성 기후대에 속하나, 해양성 기후의 영향으로 여름은 약 30℃이나 습도가 높지 않아 쾌적하며, 겨울에도 최저 기온이 −5℃ 이하로 내려가는 경우가 거의 없어 일 년 내내 지내기 좋은 날씨이다.

야생동물공원

　호주의 야생동물 공원(Australian Wildlife Park)은 시드니 중심부에서 약 40km 떨어진 루티 힐에 있다. 이곳은 1990년대 말에 개원한 곳으로 규모가 그다지 크진 않지만, 호주를 대표하는 여러 가지 야생동물들을 모두 만날 수 있다. 먼저 호주에서만 서식하는 캥거루를 비롯하며 왈라비, 에뮤와 같은 동물들은 약간 위험하므로 울안에서만 관람할 수 있고, 이외의 동물들은 직접 동물을 관찰할 수 있다.

　블루마운틴(Blue Mountains)은 시드니에서 서쪽으로 약 100km 떨어져 있으며, 블루마운틴은 국립공원으로 지정된 산악지대이다. 블루마운틴은 시드니에서 빼놓을 수 없는 명소로 모든 산을 뒤덮은 유칼리 잎이 강한 태양 빛에 반사되어 푸른 안개처럼 보이기 때문에 '블루'라는 이름이 붙여졌다고 한

블루마운틴

다. 오스트레일리아는 지형상 평면을 유지하는데, 이곳은 1,000m 높이의 구릉이 이어지는 계곡과 폭포, 기암 등이 계절에 따라 계속 변화하므로 장관을 이룬다. 이런 블루마운틴의 전경이 한눈에 들어오는 곳은 '에코포인트'라는 전망대로 연간 100만 명 이상의 관광객들이 방문할 만큼 유명한 곳이다.

멋진 일출은 물론 블루마운틴의 상징인 '세 자매 바위'를 한눈에 바라볼 수 있다. 여러 가지 유래가 전해 내려오는 이 바위는, 원래는 일곱 자매였는데 오랜 침식작용으로 인해 지금은 세 개의 바위만이 남았다고 한다.

대지를 따라 평탄한 길을 걸어서 가는 '부시 워킹(Bush Walking) 코스'는 짧게는 1시간에서 길게는 6시간까지 자연의 공기를 맡으면서 즐길 수 있다. 걸어서 올라가는 것이 힘들다면 협곡 사이에 있는 케이블카로 이동하는 것도 좋을 듯하다. 지상 300m의 높이까지 올라가 사방을 둘러보며 웅장한 숲을 그대로 느낄 수 있다. 또한 250m의 수직 절벽을 32도 각도로 올라갔다 내려오는 놀이기구 '시닉 레일웨이(Scenic Railway)'는, 과거에는 석탄을 운반하는 열차였지만 지금은 블루마운틴의 명물로 자리 잡고 있다. 40분 정도 소요되는 이 기구는 숲을 가르면서 움직이기 때문에 무엇보다도 자연을 실감 나게 체험할 수 있다.

본다이 비치(Bondi Beach)는 시드니 남부에서 가장 유명한 해변 휴양지로 시드니 중북부에서 차로 약 30분 정도 걸리고 1km의 거대한 백사장을 자랑한다. 넓은 백사장과 거친 파도가 조화를 이루어 색다른 느낌을 주는 곳으로 주말이면 늘 많은 인파로 붐빈다. 본다이는 원주민어로 '바위에 부딪혀 부서지는 파도'라는 말에 걸맞게 서핑 애호가들이 서핑하기에 가장 좋은 조건들을 갖추었다고 한다. 본다이 비치 해안선을 따라 이어진 캠벨 퍼레이드(Cambell Parade) 근방에는 번화가가 형성되어 각종 편의 시설을 비롯하여 쇼핑센터와 커피숍, 레스토랑

본다이 비치(출처 : 현지 여행안내서)

이 줄지어 있다. 특히 본다이 비치는 일명 '토플리스'라 하여 남녀 모두 하의만 걸쳐도 된다는 뜻으로 토플리스 차림의 여자들을 쉽게 볼 수 있다.

시드니 시티에서 피어몬트 브리지(Pyrmont Bridge)를 건너기 바로 전에 오른쪽을 보면 거센 파도를 연상케 하는 건물이 바로 시드니 수족관이

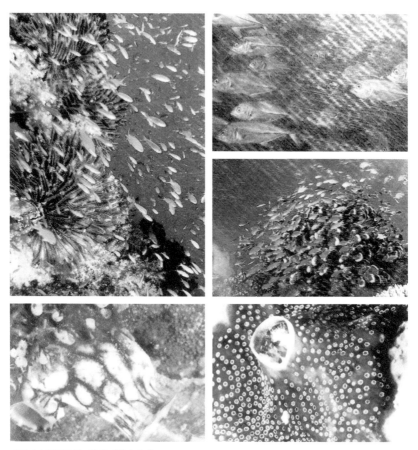

시드니 수족관(출처 : 현지 여행안내서)

다. 이곳은 달링하버(Darling Harbour)에 위치하며 호주 최대 규모를 자랑한다. 시드니에 왔다면 이곳은 한 번쯤 꼭 들려야 할 명소로 꼽힌다. 오스트레일리아 근해에 서식하는 650여 종류 1만 1,000여 마리의 해양 동물이 모두 다 있다. 투명한 유리 벽 사이로 색깔이 다양한 그레이트 배리어 리프(Great Barrier Reef, 암초)에 사는 열대어를 비롯하여 악어까지도 바로 눈앞에서 볼 수 있다. 시드니 수족관에서 빼놓을 수 없는 곳은 수심 10m에 길이 145m의 수중 터널이다. 바닷속 체험에서 중요한 역할을 하는 수중 터널은 바닷속 풍경의 신비를 맘껏 느끼게 한다.

사방을 투명 아크릴로 만든 터널을 따라 지나가면 다양한 열대어와 영화에서나 볼 듯한 3m 길이의 상어 무리가 한눈에 들어온다. 또한 물속에서 다이버가 상어들에게 먹이를 직접 주는 모습은 신기하기만 하다.

오페라하우스(Sydney Opera House)는 시드니에서 빼놓을 수 없는 명소로 1959년에 착공을 시작하여 1973년에 완성하였다. 14년에 걸친 긴 공사와 총공사비 1억 200만 호주 달러를 들여 건설된 오페라하우스는 106만 5,000장의 타일로 만든 요트 모양의 지붕이 한눈에 들어온다. 이 건축물은 1957년 정부에서 개최하는 국제 공모전에서 32개국 232점의 경쟁을 물리치고 선발된 덴마크의 건축가 예른 웃손(Jørn Utzon)의 디자인작품이다. 처음에는 건축 구조의 결함으로 공사 시작이 불가능하였으나 1966년부터 호주 건축팀이 공사를 맡아 완성하였다.

내부는 콘서트홀을 중심으로 4개의 커다란 홀로 나뉘어 있다. 먼저 1,500

오페라하우스

여 명을 수용할 수 있는 오페라 극장을 비롯하여 2,900명이 들어설 수 있는 콘서트홀이 있고, 544석의 드라마 극장, 288석의 스튜디오, 400석의 연극무대로 구성되어 있다. 또한 매주 일요일이면 오페라하우스 바로 옆에서 벼룩시장이 열려 볼거리를 제공한다.

하버 브리지(Harbour Bridge)는 세계에서 두 번째로 긴 다리로 총길이가 무려 1,149m이다. 시드니 교통에 있어 없어서는 안 될 곳으로 1923년에 건설을 시작하여 9년이라는 세월 끝에 완성된 다리이다. 그 당시 북쪽의 교외 지역과 시내를 연결하는 교통수단은 오직 페리뿐이었고, 총공사비 2,000만 달러를 들여 매일 1,400여 명의 인부들이 투입되었다.

하버 브리지가 시드니의 명물이 되기까지는 어려움이 많았다. 시드니의 남

하버 브리지 야경(출처 : 현지 여행안내서)

과 북을 오가는 다리인 만큼 밀려드는 교통난을 해결하기 위해 바다 밑에 해
저 터널을 뚫어 교통량은 감소했지만 들어가는 비용은 만만치 않았다.

# 서호주 Western Australia

지금으로부터 약 22년 전 2001년 8월 1일 국토 면적이 한반도의 35배 (7,682,300km)에 이르는 거대한 영연방국가 호주를 시드니 지역만 여행하였기에 호주라는 국가를 소개하기에 너무나 자료가 부족했다.

퍼스 시내 전경

스완벨 타워                     수령 750년 바오바브 나무

킹스파크

그래서 많은 고민을 거듭하다가 2022년 9월 21일 인천에서 쿠알라룸푸르를 거쳐 서호주를 대표하는 도시 퍼스(Perth)에 도착했다. 오후에 도착한 관계로 바오바브(바오밥, 수령 750년)나무가 있는 킹스파크와 보타닉 가든, 빅토리아 가든, 스완벨 타워 등을 차례로 둘러보았다.

다음날 조식 후 제일 먼저 웨이브 록(Wave Rock)으로 향했다.

웨이브 록은 암벽 자체가 거대한 파도 모양으로 생긴 바위이며 퍼스에서 동쪽으로 약 360km 떨어진 곳에 자리 잡고 있다. 이곳은 호주에서 가장 유명한 곳 중의 하나로 다양한 색깔을 띤 화강암이 만들어낸 경이적인 관광지이다.

웨이브록

서호주 들판에 제일 많이 식재된 유채꽃

이곳은 공룡이 살기 이전 2억 7천만 년 전에 생성된 것으로 높이 15m, 길이 약 100m에 이른다. 이 웅장하고 거대한 암벽 사이에 자세를 가다듬고 있으면 자연의 위대함과 황홀함을 느끼게 된다.

계단처럼 만들어 놓은 바위 자국을 따라 정상에 올라가면 주변의 경관이 한눈에 들어온다. 암벽 난간 끝에는 낙상 방지를 위해 돌담으로 가드 라인을 설치해 안전을 확보하고 있다.

그리고 하산해서 주위를 살펴보면 가까운 이웃에 하마가 입을 벌리는 듯한 모양을 하고 있는 바위(히포스 욘)가 있는데 관광객 모두가 기념 촬영에 분주하다. 그리고 이곳에서 조금 이동하면 암벽화가 있는 동굴(멀카 케이브)이 있다. 시간이 허락하면 찾아가서 구경해보라고 권하고 싶은 곳이다.

하마 바위

   퍼스에서 북쪽으로 약 200km의 거리에 있는 남붕(Nam bung) 국립공원에 위치한 피나클스는 원주민 언어로 '바람이 부는 강'이라는 뜻이다. 이곳은 사막 위에 솟아오른 약 1만 5천 개의 불가사의한 돌기둥이 장관을 이루고 있으며 가는 곳마다 모양과 색상이 너무나 많은 차이를 보인다. 그리고 수많은 돌기둥이 모여있는 이곳을 우리나라 언어로 '입석대'라 불리기도 한다. 모양과 색상 그리고 크기가 마음에 드는 돌기둥을 찾아가서 기념 촬영을 하기에 정해진 1시간은 턱없이 부족했다.

   이후 화이트 샌드(White Sand) 사막을 거쳐 란셀린(Lancelin) 사막에 도착해서 우리 일행들은 쿼드바이킹 운전을 교대로 하면서 즐겁고 유익한 하루 일정을 마무리했다.

흰 모래사막

피나클스(입석대)

쿼드바이킹 시승

쿼드바이킹 질주

랍스터 상차림

    그리고 이번 서호주 여행은 자유여행으로 항공권과 숙박비는 공동으로 지불하고 식사와 생활비는 각자가 부담하기로 했다. 그래서 오늘 저녁은 랍스터(Lobster)로 저녁 식사를 하기로 합의했다.

    이국땅 호주에서 먹는 랍스터 맛은 너무나 좋아 일행 모두가 벌어진 입을 다물 줄 모른다.

    술잔을 기울이며 술에 취한 한 여성 회원은 "우리 이번 여행은 너무나도 같이 잘 왔어요!"를 연발하면서 "다음 여행에도 우리 같이 가요!"라고 한다.

    다음날 조식 후 서호주 여행의 백미라 할 수 있는 울룰루(Uluru)로 향했다.

    가는 길에 얍첸 국립공원에 들러서 캥거루, 왈라비, 코알라 등의 동물들을

랍스터 요리 식사

호주를 대표하는 야생동물 캥거루

구경하고 점심 식사를 한 후 목적지에 도착했다.

　서호주 여행의 최대 관광지인 울룰루는 '지구의 배꼽' 또는 '오스트레일리아의 붉은 심장'이라고 칭송을 받는 바위이며 세계 최대의 단일 암석으로 둘레가 9.4km나 된다. 그리고 해발 고도가 867m에 이르고 있는데, 이는 겉으로 드러난 모습일 뿐 바위의 3분의 2가 땅속에 묻혀 있다.

　사암이지만 표면의 철분이 공기 중의 산소와 만나 산화되면서 온통 붉은 빛을 띄게 된 모습은 지질학적으로 약 6억 년 전에 생성된 것으로 보고 있다. 그 유명세로 인해 오후부터 뷰 포인트에는 여행자들과 사진작가들이 하나둘씩 모여들고 있다.

　그러나 우리 일행들은 카타추타(Kata Tjuta)를 먼저 구경하고 나서 저녁

석양에 비친 울룰루

정오에 바라보는 울룰루

노을이 질 무렵이면 붉은 태양의 빛을 받아 최고의 아름다움을 보여주리라고 생각해서 일몰에 가까운 시긴을 선택했다. 저녁노을과 함께 현장에 도착하니 수많은 인파가 카메라를 장착해놓고 울룰루 최고의 붉은빛을 포착하기 위해 모두가 열중하고 있었다.

필자는 수많은 사람 사이를 이리저리 헤매다가 마음에 드는 장소를 발견해서 30여 분간 기다린 보람으로 가장 붉은색의 울룰루를 카메라에 담을 수 있었다.

울룰루의 명칭은 두 개를 병행하여 사용하고 있다.

다른 하나는 에어스록(Ayers Rock)이라고 불린다.

Uluru  Northern Territory  Australia

울룰루 엽서

울룰루는 고대로부터 바위 부근에서 살아온 얀쿤차차라족이 불러온 이름
이고, 에어스록은 호주 총리였던 헨리 에어즈(Henry Ayers)의 이름을 딴 것
으로, 현재 두 개의 명칭이 병행하여 사용되고 있다.

울룰루의 자연경관은 계절과 빛의 흐름에 따라 시시각각으로 변하고 있다.

오후 2시경에 바라본 울룰루는 황갈색을 띠고 있으며, 빛의 각도에 따라
그늘진 곳에는 어두운 그림자가 곳곳을 드리우고 있다.

해 질 무렵에는 강렬한 햇빛으로 인해 주황빛에서 서서히 붉은 빛으로 바
뀌다가 해가 지면 소리소문없이 서서히 사라지고 밤하늘의 별들만이 여행객
들을 유혹한다.

울룰루 최고의 아름다운 모습을 관람하기 위해서는 동틀 무렵과 해 질 무

Central Australia  Northern Territory

울룰루 엽서

렵을 권장하고 싶다. 그리고 해 질 무렵 울룰루의 감상지 주변에는 수많은 자동차와 버스들 그리고 관광객들이 진을 치고 있어 될 수 있는 대로 일찍 서둘러 뷰포인트를 점유하는 것이 좋을 것 같다.

그리고 울룰루를 감상하기 위해서는 울룰루 관리사무소에 가서 입장권을 구입해야 하며, 입장권은 3일간 현지에서 유용하게 쓰이고 있다. 그리고 울룰루는 이 땅의 오랜 주인인 아난구인에게 성역시 되는 곳이다. 그래서 입구 표지판에는 '우리는 올라가지 않는다. 여러분들도 올라가지 않기를 바란다.'라고 쓰여 있다. 그래서 호주 정부에서는 아난구인들의 거듭되는 등반 금지 요청과 가끔 일어나는 낙상사고와 사망사고 그리고 울룰루 보호 차원에서 2019년 10월부터 울룰루 등반을 전면 금지하고 있다. 그로 인하여 이 땅의 오랜 주인 아난구인들과 호주 국립공원 관리사무소 측에서 공동으로 울룰루를 관리하고 있다.

울룰루에서 서쪽으로 약 35km 떨어져 있는 카타추타는 거대한 돔 모양의 신기한 36개의 바위가 어깨를 맞대어 협곡과 계곡을 만들어내며 무리를 지어 있다. 색깔도 울룰루와 흡사하여 관광객들도 울룰루와 같은 숫자를 끌어들이고 있다. 간혹 울룰루보다 더 아름답다고 하는 관광객들도 눈에 띈다.

등반코스는 난이도가 있는 협곡을 거슬러 올라가는 코스와 정상을 바라보며 완만한 길을 따라 올라가는 코스가 있다. 협곡을 거슬러 올라가면 새소리와 바람 소리를 실감 나게 체험할 수 있다고 하지만, 우리 일행들은 완만한 코스로 1시간 가까이 등산을 한 후 하산길로 접어들었다. 카타추타 또

카타추타

카타추타와 캠핑카

응달 전망대에서 바라보는 카타추타

응달 전망대에서 바라보는 카타추타

한 현지인들이 올가(Olga)라고 부르는데, 이는 바위 중의 제일 높은 올가마운틴(해발 1,066m)의 이름을 따 부르는 명칭이다. 실제 높이는 울룰루보다 200m가 더 높다.

울룰루와는 색깔도 비슷한 바위산이고 가까운 이웃에 있는 관계로 카타추타를 방문해야 울룰루 여행을 완주했다고 할 수 있다.

그러고 보니 서산에 해가 걸리고 있어 울룰루 최상의 아름다움을 보기 위해 왔던 길을 따라 서둘러 울룰루로 이동했다.

오늘은 울룰루와 카타추타 여행의 추억을 가슴속 깊숙이 간직하며 호주 중부 내륙에 있는 도시 엘리스 스프링스(Alice Springs)로 향했다.

붉은색 도로

　가는 도중에 도로가 지나치게 붉은색인 비포장도로가 나타나기에 호기심에 방향을 바꾸어 좌우 산림지대를 바라보며 차창 관광을 즐겼다. 그러나 계속 가다가 길이 막히거나 엉뚱한 길로 접어들까 봐 불안한 마음은 계속 사라지지 않는다. 그러나 예상외로 차량은 엘리스 스프링스로 가는 도로에 접어들면서 긴장된 마음을 놓을 수 있었다. 엘리스 스프링스에 도착해 보니 제일 먼저 도시의 북쪽 지역에 전망대가 있었다. 우리는 곧바로 전쟁 기념탑과 기념비가 있는 곳으로 이동했다.

　전쟁 기념비에는 제2차 세계대전과 6·25전쟁 등에서 목숨을 바친 호주 장병들의 이름이 새겨져 있다. 기념탑을 기준으로 원을 그리며 기념비가 점점이 세워져 있다. 한국의 6·25전쟁에 목숨을 잃은 장병들의 명단을 바라

전망대와 전쟁 기념탑

보는 순간 왠지 가슴이 뭉클해졌다.

다음은 애버리지니 아트전통문화센터로 향했다. 실내에는 호주의 역사와 문화를 테마별로 내부를 장식하고 있다. 화석 표본 사진과 광물, 운석, 푸드 등을 전시하고 있으며 관광객들에게 판매도 하고 있다. 공예품 중에는 짚으로 만든 작품이 다수가 있어 눈길을 끌기도 했다. 그리고 2층에는 제1차 세계대전 때 종군기자인 오토의 사진을 전시하고 있다.

멜버른(Melbourne)은 영국 여왕 빅토리아 시대의 건축물들과 공원들이 여기저기에 많이 남아있는 도시로, 특히 현대적인 건물과 과거의 건축물들이 잘 어우러져 조화를 이루고 있다. 멜버른은 가는 곳마다 공원을 쉽게 찾아볼 수 있게 되어 있으며 아름다운 숲과 빌딩들로 가득한 호주 제2의 도시이다.

이곳은 과거 이민자들이 우리나라의 제주도와 같은 태즈메이니아(Tasma-nia)로 가려던 사람들이 항구 해변에 매혹되어 태즈메이니아를 포기하고 이주하면서 1800년도 초기부터 형성된 도시이다. 처음 도시의 이름은 포트 필립(Port Phillip)으로 1837년 멜버른으로 변경하여 지금까지 사용하고 있다. 과거 시드니와 멜버른이 수도 유치를 위하여 심한 경쟁으로 인해 정부가 캔버라로 수도를 확정(1927년)했다.

그 이전까지 멜버른은 수도로서 역사와 전통을 잘 보존하며 유지해왔다. 멜버른 시내를 중심으로 북쪽은 이탈리아 주민이 집단으로 많이 모여 살고, 동쪽에는 베트남인들이 많이 모여 사는 지역이다. 북동쪽에는 차이나타운이 있는데 중국인이 많이 모여 살고 있어 이민자들의 도시로 이국적인 분위기가 물씬 풍긴다.

먼저 아름다운 해변 토키(Torquay) 바다를 거쳐서 그레이트 오션로드(The Great Ocean Road)로 이동했다. 해변에는 바다 위에 우뚝 솟아있는 12 사도상 바위들과 깎아지르는 듯한 절벽이 한데 어우러져 바다와 육지가 최상의 절경을 자랑한다.

좀 더 해변 길을 따라가면 캠벨(Campbell) 국립공원이 나타난다. 이곳 역시 깎아지른 절벽과 바다가 만나 아름다운 절경에 눈을 돌리지 못할 지경에 이른다.

여기서 좀 더 지나가면 영국의 런던 브리지와 비슷하여 '런던 브리지'라고 불리는 바위가 바다 한가운데에서 관광객들을 유혹한다.

12 사도상 바위

그레이트 오션 로드

그리고 오늘 저녁 식사는 캥거루 고기가 아니면 캥거루와 유사하지만, 몸집의 크기가 작은 동물이라서 '왈라비'라고 불리는 왈라비 고기로 식사를 하기로 의견을 모았다.

오늘의 일정은 멜버른 시내를 구경하는 날이다.

제일 먼저 호주에서 가장 오래된 기차역을 찾았다. 100년이 넘는 역사를 자랑하며 1854년에 증기기관차로 개통식을 한 플린더스(Flinders) 역사이다.

외관은 노란색 건물에 파란색 돔 지붕으로 관광객들의 시선을 끌기에 부족함이 없는 것 같다. 입구 건물 상단에는 대형 시계가 부착되어 있어 멜버른

플린더스 기차역

세인트 폴 성당

커피의 거리

사람들에게는 약속 장소로 많이 이용되고 있다. 예를 들어 약속을 모월 모일 모시 플린더스역 시계 밑이라고 하면 멜버른 시민들이면 누구나 이곳에서 만남이 이루어진다고 한다.

역사 내에는 매표소 외에 별도의 설명을 부여할 곳이 없다. 그래서 도로 건너 바로 이웃에 있는 세인트 폴 성당으로 이동했다. 세인트 폴 성당은 시드니에는 세인트 메리 성당이 있다고 하면, 멜버른에는 세인트 폴 성당이 있다고 표현할 정도로 멜버른 시민들에게는 자존심 같은 성당이다. 오전 10시부터 오후 18시까지 개방하므로 누구나 출입할 수 있다. 호시어 거리는 '그림을 그리는 거리'라고 한다. 누구나 물감과 붓을 챙겨와서 예전에 있던 그림 위에

호시어 거리

또다시 그림을 그리는 거리이다. 현장에 도착하니 화가 한 분이 열심히 그림을 그리고 있다.

화가에게 접근하자 화가는 한 손에 물감을 들고 다른 한 손에는 붓을 쥐고 빙그레 웃으며 인사를 대신한다.

바로 이웃 골목은 '커피의 거리(Coffee Lane)'라고 한다. 모두가 커피 파는 가게들뿐이다. 기념사진만 촬영하고 돌아가기에는 어딘가 모르게 섭섭했다. 그래서 일행 모두 입구가 제일 화려한 커피 전문점에 들어가 한잔의 커피를 마시며 그냥 지나가기에 섭섭한 마음을 지울 수 있었다.

옛 멜버른 감옥(The old Melbourne Gaol)은 1851년 넓은 대지 위에 3

옛 맬버른 감옥

층 건물로 지은 후 1923년까지 단기형 죄수들을 가두는 구치소로 사용한 감옥이다. 악명 높은 죄수들과 흉악한 범죄자들이 한 번씩 지나간 감옥이라고 감옥 관계자가 설명한다. 그리고 호주 범죄 사건에 악명 높게 이름을 남긴 도적 네드 컬리가 처형당한 곳이기도 하다. 3층으로 구성된 구치소 내에는 밀랍 인형으로 만들어 놓은 그 당시 범죄자들의 실존 인물과 악명 높은 범죄자가 이용한 독방 그리고 수감에 필요한 시설물, 고문에 이용한 도구들, 사형장에서 이용한 교수대 등이 전시되어 있다.

이곳은 평일이면 오전 9시 30분부터 오후 17시까지 개방하고 있으며 누구나 출입할 수 있다. 그 옛날에는 모두가 무서워하고 두려워하던 감옥이지만, 지금은 관광지로 변해 호주 정부에서는 입장료로 수익을 올리고 있다.

악명 높은 죄수들

흉악범죄자의 독방

고문 도구실

왕립 멜버른 식물원은 대지가 약 40만 m²이다. 정문이 어디에 있는지도 모르고 살며시 오솔길로 입장하여 잠시나마 산책을 즐길 수 있었다. 공원 관리자의 설명에 의하면 19세기 후반 조경사업자 뮐러가 설계와 조경을 담당했다고 하며, 식물원에는 1만여 종 이상의 식물이 식재해 있고 야생조류가 50여 종 이상이 서식하고 있다고 한다. 우거진 숲길에는 유칼립투스와 고사리들이 관광객을 맞이하고 있으며, 장미꽃과 활짝 핀 동백꽃은 지나가는 나그네들의 눈길을 사로잡는다.

멜버른 시민들이 즐겨 찾는 휴식처라고 하지만 사람들은 많이 보이지 않고 입장료는 없다.


태즈메이니아섬은 멜버른이 위치한 호주 본토에서 남쪽으로 약 240km 거리에 있으며, 면적은 우리나라의 3분의 2 정도의 크기이다. 현재 인구는 약 48만 명으로 인구 밀도가 매우 낮지만, 태즈메이니아섬 4분의 1이 세계 자연유산에 등재되어 있다. 그로 인하여 세계에서 제일 청정지역으로 정평이 나 있다. 2022년 9월 30일 19시 30분경 멜버른에서 QF1559 항공편으로 출발, 20시 50분 태즈메이니아 수도 호바트에 도착했다.

제일 먼저 저녁 식사를 위해 한국식당을 찾아갔다. 'Mr. KOREA'라는 간판이 우리를 반갑게 맞이한다. 식사 주문은 돼지고기 삼겹살로 주문하고 소주가 있느냐고 물으니 "물론 있다."고 한다. 서빙 담당 여성이 외국인이지만 한국말로 더듬거리며 대화하는 모습이 너무나 재미있고 귀여웠다. 그래서 소주 한잔을 권하니 고개를 절레절레 흔든다.

한국식당(Mr. KOREA)

시간이 흘러 맛있는 음식으로 배가 부르자 취기 오른 몸을 이끌고 숙소로 이농했다.

다음날 조식 후 트래킹을 하기 위해 크레이들산 국립공원(Cradle Mt. National Park)으로 향했다. 호바트를 출발해서 30분이 지나자 도로변 입식 이정표에 보노롱 야생동물 보호구역 동물원(Bonolong Wildlife Sanctuary) 표지판이 눈에 들어온다. 일정에 없는 코스이지만 시간적인 여유가 있어 동물원 구경을 하기로 했다

동물원 입구에는 보노롱(Bonorong) 간판과 더불어 태즈메이니아에 서식하는 동물 데불이 우리 일행을 맞이한다.

이곳은 야외 산비탈에 동물원을 설치하고 어미를 잃은 새끼 동물들과 다치거나 사고로 정상 활동이 어려운 동물들을 치료하고 보호해서 자연으로 돌려보내는 봉사활동을 하고 있지만, 동시에 관람객이나 여행자를 상대로 동물원을 운영하는 곳이다. 동물원 원장에 의하면 '보노롱'이라는 말은 원주민어로 '자연의 벗'이라는 뜻이라고 한다.

그리고 비탈진 곳에는 여러 종류의 새장을 시설해 놓았고, 저지대는 야생 동물들을 사육하고 있다.

새장에는 우리가 처음 보는 새들도 많이 있지만, 우리에게 제일 관심의 대상이 되는 동물은 당연히 호주의 상징적인 동물 캥거루였다. 캥거루와 예쁘고 귀여운 새들을 차례대로 관람도 하고 촬영도 한 후 동물원을 뒤로하고 다

동물원(오색앵무)　　　　　　　　　동물원(유황앵무)

캠거루 사육장

음 목적지로 향했다.

태즈메이니아의 자랑 크레이들마운틴은 세계자연유산으로 등재되어 있다. 날카롭게 솟은 봉우리들을 비롯하여 거울 같고 티 없이 맑고 푸른 도브호수(Dove Lake)와 가는 곳마다 점점이 피어 있는 야생화들을 바라보고 있노라면 복잡한 도시 생활이 점점 멀어지는 것을 느낄 수 있다.

우리는 왕복 2시간 일정으로 마지막 종착 지점을 도브호수로 정하고 세계 유수의 나라 등산객들과 트래킹에 도전했다.

국립공원에 펼쳐지는 대자연을 벗 삼아 시원한 시냇물과 자연경관이 파노라마처럼 펼쳐져 있는 꼬불꼬불한 등산길을 따라 도브호수에 도착하였다. 우리는 기념 촬영을 마치고 왔던 길을 되돌아가면서 일정을 마무리했다.

도브호수

웰링턴마운틴(Wellington Mountain)은 호바트 시민들이 친근하게 제일 자주 오르고 내리는 산으로 꾸불꾸불한 산길을 따라 올라가면 정상 가까운 곳에 도달한다. 이곳까지는 산악인이나 등산객들은 도보로 올라가지만, 대부분 여행객은 자동차나 버스를 이용한다. 자동차 혹은 버스를 이용하면 편한데 걸어서 올라가면 해발 1,271m의 고지이기에 힘이 든다고 가정해야 후회를 면할 수 있다.

정상에 올라가도 왕복 1~2시간 가까이 걸어 볼 수 있는 등산코스가 기다리고 있다. 건강하고 부지런한 사람은 즐거운 산행이 될 것이고, 허약하고 게으른 사람은 부담스러운 산행으로 여겨진다. 그러나 노력 없는 대가는 이 세상에 없다. 정상에 올라가면 바다와 호바트 시내가 한눈에 사방으로 펼쳐져

웰링턴마운틴

보인다. 그 광경이야말로 지금까지의 고생을 단숨에 잊게 해준다.

우리 일행들은 승용차를 이용해서 가볍고 즐거운 마음으로 정상을 돌아보고, 하산길에는 모두가 입가에 웃음이 가득했다.

왕립 태즈메이니아 식물원(Royal Tasmanian Botanical Gardens)은 호바트 시내 북쪽에 있는 식물원으로 면적이 13만 5,000km²의 어마어마한 크기를 자랑한다. 호주는 물론 세계 각국에서 채취해온 식물 약 6,000여 종이 자생하고 있으며, 특히 식물원 개장 초기부터 심어놓은 나무들이 모두 수령 200년이 넘어 한 그루의 나무를 카메라에 담으려면 가까이에서는 불가능하다. 그래서 필자는 덩치가 큰 나무들에 대해서는 촬영을 포기할 수밖

왕립 식물원 입구

왕립 식물원

에 없었다.

활짝 핀 꽃들을 대상으로 마음에 드는 꽃을 찾아다니며 촬영에 임했다. 튤립, 허브, 장미, 유칼립투스, 선인장, 고사리 등을 지역마다 구분해 놓았으며 동백꽃과 단풍나무, 철쭉, 벚나무 등을 가는 길목마다 식재해 놓았다.

산책로를 따라 이동하며 꽃들을 구경하다가 벤치에서 쉬고 있는 단체 여행자들이나 가족 단위 방문자가 간혹 눈에 띈다.

요금은 무료입장이고, 개장은 오전 8시부터 오후 5시까지 연중무휴다.

오늘은 태즈메이니아의 마지막 일정으로 호바트항구로 향했다. 항구에서 우리에게 제일 먼저 눈에 띄는 것은 다름 아닌 태즈메이니아 최초발견자인 네덜란드 아벨 태즈먼(Abel Tasman) 동상이다. 그를 기리기 위해 주변을

호바트항구

태즈메이니아 최초 발견자인 네덜란드 아벨 테즈먼 동상    항구에 정박한 연락선

공원 분수대

항구 사진 전시 작품들

호바트 시내 전경

조경으로 아름답게 꾸며 놓고 미니공원처럼 시민들이 이용하고 있다. 그리고 부둣가에는 연락선과 여객선 등이 바닷가를 가득 메우고 있다.

선착장에 바다와 육지를 가르는 가드 라인 벽면에 항구를 대상으로 촬영한 사진 전시장이 있어 둘러보고 난 후 호젓한 호바트항구 해변을 거닐어 보면서 아쉽지만 짧은 태즈메이니아 일정을 마무리했다.

그리고 호주 북동쪽에 있는 케언즈(Cairns)로 가기 위해 공항으로 이동했다.

호바트에서 출발, 멜버른을 경유하여 케언즈에 도착하니 벌써 시내에는 어둠이 짙어가고 조명등이 켜지기 시작한다. 그래서 바로 숙소로 향했다.

케언즈는 퀸즐랜드주 북동쪽에서 북쪽으로 치우친 바닷가 가장자리에 있

스노클링 대원들(출처 : 현지 여행안내서)

는 인구 약 50만 명의 조용하고 아담한 도시이다.

1800년대 후반에 금광이 개발되면서 사탕수수 재배와 더불어 경제활동이 활발한 도시였으나, 지금은 그레이트 배리어 리프(Great Barrier Reef)의 여러 섬을 거느리고 있어 세계 각국에서 여행자들과 관광객들이 몰려오고 있는 관광도시이다.

우리 일행들 역시 그레이트 배리어 리프에서 스노클링을 하기 위해 시간과 비용을 투자해서 케언즈에 온다고 보면 된다.

그레이트 배리어 리프는 각양각색의 산호초가 투명한 바닷가에 한없이 펼쳐져 있으며 세계 최대의 산호초 지대를 보유하고 있다.

그레이트 배리어 리프 해양 선상에 떠 있는 크고 작은 섬들은 무려 600여

대보초 바다 산호초(출처 : 현지 여행안내서)

개 이상으로 이들 섬이 이어지는 거리는 2,000km가 넘는다.

　그러나 관광객들이 이용하는 섬들은 20여 개에 불과하다.

　오늘은 2022년 10월 4일이다. 아침 일찍 조식 후 그레이트 배리어 리프 대보초 관광을 위하여 항구로 이동했다.

　항구에는 여행사마다 여객선을 대기시켜 놓고 손님을 기다리고 있다.

　여행사 모두가 호주 달러로 성인 249달러, 어린이 142달러, 가족 단위 640달러라고 사무실 입구 표지판에 게시해놓았다.

　포함사항은 점심 식사와 스노클링, 워터슬라이드, 글라스 바텀보트, 반잠수함 등이다.

　모든 일정은 선상에서 이루어지며 우리 일행 모두가 일정에 빠짐없이 참가

반잠수함

글라스 바텀보트

하여 즐겁고 유익한 하루 일정을 소화했다.

필자는 수많은 여행을 하면서 스노클링, 워터슬라이딩, 글라스 바텀보트를 체험해 보았지만 반잠수함을 타고 의자에 앉아 정면을 바라보며 창문 너머로 각양각색의 어패류들, 모양과 색상이 다양한 산호초, 바다거북이 등을 관람하는 것은 이번이 처음이다.

그리고 오늘 일정은 수영복을 입고 바닷속에서 이루어지는 일정으로 짧았지만, 대단히 만족하고 즐거웠다. 마지막으로 매직 크루즈 여객선을 이용해서 케언즈 시내로 돌아왔다.

인솔자가 저녁 식사는 "악어고기로 주문을 해볼까요?"라고 한다.

주문보다는 식당을 찾아가서 악어고기가 있는지, 요리는 어떻게 하는지,

악어요리

가격은 얼마인지 물어보고 식사를 하기로 정했다. 일행 모두가 식당으로 이동했다.

현장에 도착하니 식당 매니저가 1인분에 한국 돈으로 환산하면 45,000원이고 2시간 여유를 주어야 악어고기로 식사를 할 수 있다고 한다.

우리 일행들을 호텔로 이동해서 휴식을 취한 후 2시간 후에 도착해서 악어고기 식사를 할 수 있었다.

악어요리 방법은 꼬치에 끼워 구워서 채소와 함께 먹는 요리였다. 여기에 술이 없으면 섭섭할 것 같아 맥주를 시켜 생전 처음 먹어보는 악어고기를 안주 삼아 기분 좋게 식사를 하고 늦은 밤 걸어서 야경을 즐기며 숙소로 향했다.

던디스 악어요리 식당

기념품 가게 사진

식사하는 코알라　　　　　　　사랑하는 부부새

　오늘은 저녁 비행기로 귀국하는 일정이다.

　조식 후 케언즈 시내를 관광하면서 기념품 가게도 들리고 야생동물원과 새 공원을 둘러보기로 했다.

　제일 먼저 기념품 가게에 들러 모두가 기념품을 한 점씩 사고 야생동물원으로 이동했다. 동물원에서 제일 관심의 대상이며 인기가 있는 동물은 당연히 코알라와 왈라비이다.

　코알라는 좀처럼 가까이에서 볼 수 없는 동물이다. 이곳 동물원에서는 먹이를 건네줄 정도로 가까이 접할 수 있으며 잠자는 코알라도 있지만, 먹이를 먹는 코알라도 있어 장시간 코알라와 실랑이를 벌이다가 정면으로 코알라가

새 공원(뉴기니아 앵무)　　　　　새 공원(오색 앵무)

먹이를 입에 물고 있는 모습을 카메라에 담을 수 있었다.

그리고 새 공원으로 이동했다. 새 공원에는 너무나 많은 새가 가는 곳마다 새장을 가득 채우고 있어 호기심에 가득 찬 얼굴로 이름도 성도 모르는 새들을 유심히 바라볼 뿐이다.

장시간 새장과 새장을 이동하는 순간 암수 한 쌍의 새들이 사랑을 나누고 있는 모습이 눈앞에 다가온다. 기회를 놓치지 않고 사랑하는 장면을 정확하게 카메라에 담을 수 있었다.

그리고 사진을 일행들에게 보여주며 자랑하니 모두가 "대박!"이라고 칭찬을 한다. 이것으로 서호주 여행을 마무리하고 시드니(1박)를 거쳐 귀국하기 위해 공항으로 이동했다.

# 뉴질랜드 New Zealand

남반구에 위치하고 때 묻지 않은 자연을 만날 수 있는 뉴질랜드(New Zealand)는 한반도보다 약간 큰 면적에 인구 490만 명이 살고 있는 나라이다. 인구 밀도가 낮은 이 나라 인구 대부분은 도시에 몰려있다. 환태평양 조산대에 위치해 있어 화산활동이 여전히 활발하게 이루어지고 있으며 다양한 동·식물이 그 독특한 특징을 지닌 채 드넓은 지역에서 살아가고 있다.

북섬은 뉴질랜드 개척의 역사가 이루어진 곳으로 노랑가오리 모양을 하고 있으며, 어느 곳을 가든지 영국적인 생활양식을 엿볼 수 있다.

남섬은 남 알프스의 만년설과 수없이 펼쳐지는 호수, 피오르(Fjord) 지형과 빙하 계곡 등을 만날 수 있어 자연의 장대함과 자유로움을 느낄 수 있는 곳이다.

뉴질랜드의 역사는 그리 길지 않지만, 최초 거주자인 마오리족은 수천 년 전 카누를 타고 뉴질랜드 북쪽 해안에 도착하여 유럽인이 도착하기 전까지 수만 년 동안 오염되지 않은 자연을 그대로 지키며 살아왔다.

최초의 유럽인이 뉴질랜드에 첫발을 디딘 것은 네덜란드 탐험가 이벨 대즈

겨울철 남섬 남알프스의 만년설(출처 : 현지 여행안내서)

먼으로, 이는 380년 전인 1642년의 일이다. 아벨 태즈먼 일행은 넬슨의 골든 베이 쪽에 닻을 내렸는데 마오리족과의 의사 마찰로 일행 중 일부를 잃게 되었다. 아벨 태즈먼 국립공원의 이름이 이로부터 유래되었으며 오늘날 타카카의 포하라(Pohara) 해변에는 이들을 위한 기념비가 세워져 있다.

　뉴질랜드는 1852년 영국으로부터 자치권을 획득하여 선거에 의한 입법의회가 마련되었다. 그 후 1890년 남성들에 의한 투표가 처음으로 시작된 이 나라는 1893년 세계 최초로 의회를 통한 여성의 합법적인 투표를 시행한 국가이다. 제1차 세계대전 이후 대다수의 국민은 나라의 자치권을 인식하게 되었으며 메시 수상이 기타 여러 독립 자치령들과 함께 베르사유 조약에 서명하게 됨으로써 1907년 식민지로부터 독립된 주권국가로서의 위치를 갖게 되

남섬 산악을 배경으로 하는 뉴질랜드 목장(양)의 산장(양고기 식당)(출처 : 현지 여행안내서)

었다.

또한 뉴질랜드는 1914년 독일령 사모아를 평화적으로 흡수하고 태즈먼해 (Tasman Sea)에 있는 쿡섬(Cook Island)을 부속령으로 편입함으로써 소수이긴 하지만 식민지 형태의 부속령을 거느리게 되었다.

뉴질랜드는 전통적으로 호주와 밀접한 관계를 맺고 있다. 제1차 세계대전 때에는 ANZAC군(앤잭, 호주 뉴질랜드 연합군)으로 참전하여 갈리폴리 (Gallipoli)를 공격하는 전과를 올리기도 하였다.

이후 1931년 웨스트민스터 법령이 발효되었는데 이는 영국 의회가 뉴질랜드 통치권을 포기한다는 내용을 골자로 하고 있었으나, 뉴질랜드는 1947년에야 이 법령을 수락하여 받아들였다.

1980년 이후 뉴질랜드는 사회적으로나 경제적으로 큰 변화를 겪고 있지만, 뉴질랜드 국민은 무엇보다도 오염되지 않은 자연에 대하여 커다란 자부심이 있다.

뉴질랜드의 면적은 약 27만 제곱킬로미터로 남위 34도~47도 사이에 있으며, 길이는 약 1,600km이다. 쿡해협(Cook Strait)을 사이에 두고 두 개의 섬으로 이루어져 있으며, 호주와는 태즈먼해(Tasman Sea)를 사이에 두고 약 2,250km 떨어져 있다.

남반구의 온대에 위치한 뉴질랜드는 해양성 기후로 한서의 차가 심하지 않다. 날씨가 자주 바뀌기는 하나 전국에 걸쳐 일조량과 강수량이 충분하다. 여름에는 아열대성 기후가 되고, 겨울에는 남섬의 남부 알프스에 눈이 많이 내린다. 1년 중 가장 무더울 때는 1~2월이며, 가장 추울 때는 7~8월이다. 7~9월까지는 우기로서 1년 중 가장 많은 비가 내리나, 폭우가 오는 경우는 드물어 여행에 큰 무리는 없다. 오클랜드(Auckland)를 기준으로 여름철 최고 기온은 약 25℃, 최저 기온은 5℃ 정도이다.

뉴질랜드의 전체인구는 약 490만 명으로, 그 대부분은 백인이며 약 10% 정도를 마오리족이 차지하고 있다. 상용어는 영어(뉴질랜드 영어)를 사용하며 마오리어가 공용어로 사용되고 있다. 종교는 성공회가 24.3%이다. 다른 선진국과 마찬가지로 사회복지제도가 잘 되어 있는 뉴질랜드는 현재 복지 예산을 삭감하고 있는 단계이나, 아직도 세계적인 수준을 유지하고 있다.

오클랜드는 전체인구의 4분의 1 이상인 약 170만 명의 인구가 사는 뉴질랜드 최대의 도시이다. 북섬의 관문 역할을 하는 이 도시는 1865년 수도가

파란 오클랜드 앞 바다

파란 오클랜드 앞 바디

비가 내리는 오클랜드 시내 전경

알버트 공원

뉴질랜드 하버브리지

웰링턴으로 옮겨가기까지 25년간 식민지 시대의 수도로서 번영해 왔다.

'오클랜드'라는 이름의 유래는 25년간 당시의 인도 총독인 '오클랜드 경'의 이름에서 유래한다. 현재 이곳은 폴리네시아 문화권의 중심 역할을 하고 있다. 또한 'City of Sail'이라는 별칭을 가지고 있으며, 이름에 어울리는 아름다운 항구도시로서 완만한 구릉과 하얀 빌딩들 그리고 파란 바다가 조화를 이루고 있다.

퀸 엘리자베스광장(Queen Elizabeth Square) 주변에는 은행과 관광국, 백화점, 레스토랑이 즐비하다. 퀸 거리와 프린세스 부두의 맞은편에 자리 잡은 이 광장은 퀸 거리가 교차하는 곳으로 자동차 진입이 금지된다. 이곳에서는 아이스크림이나 햄버거, 과일 등의 노점상들이 즐비한 중앙 분수대와 광

전쟁기념박물관

장을 날아다니는 갈매기를 볼 수 있으며, 공연은 거의 이루어지지 않고 있다.

전쟁기념박물관(War Memorial Museum)은 도메인(Domain)지역에 위치해 있으며 마오리족의 문화유산, 초기 백인의 이주 생활 및 해양문화, 남태평양 일원에 흩어진 원주민의 문화, 뉴질랜드 동·식물 및 광물자원 그리고 뉴질랜드가 참전했던 전쟁에서 희생된 사람들을 기리는 자료 등이 전시되어 있다. 박물관의 구성은 1층 마오리홀, 2층 뉴질랜드 자연사박물관, 3층 전쟁기념박물관 등으로 이루어져 있다. 개관은 오전 10시부터 오후 5시까지이며, 입장료는 무료이다.

켈리 탈톤즈 언더워터 월드(Kelly Tarlton's Underwater World)는 뉴질랜드 해양탐험가인 켈리 탈톤이 세운 세계에서 가장 큰 아크릴 수조로 이루

수족관 입구

수족관

수족관

어진 수족관으로, 1985년 1월에 개관했으며 지하배수로를 수족관으로 개조한 것이다. 이동식 터널을 따라가면서 각종 수중생물을 관찰할 수 있다. 개관은 매일 오전 9시부터 오후 6시까지이다.

에덴동산(Mt. Eden)은 오클랜드에서 가장 높은 화산 분화구로, 높이는 196m이며 오클랜드항을 한눈에 볼 수 있는 곳이다. 이곳은 잘 정돈된 나무숲과 잔디로 아름답게 꾸며져 있으며, 이곳에서 바라보는

농부가 말 그리고 개와 함께 양치기 하는 목장(출처 : 현지 여행안내서)

시내의 야경이 훌륭하다. 가까운 곳에는 한국인들의 주거지역이 있으며, 한국인이 경영하는 슈퍼마켓 등이 있다.

오클랜드동물원(Auckland Zoological Gardens)은 중심가로부터 차로 약 15분 거리에 위치해 있으며 태평양지역에서 가장 큰 야생동물원으로, 뉴질랜드에서 가장 큰 위락 공원인 레인보우즈엔드(Rainbow's End)가 인접해 있다.

공원에는 번지점프를 할 수 있는 시설이 갖추어져 있으며, 또한 근처에 있는 교통·과학기술박물관도 들러볼 수 있는 좋은 관광코스이다.

빅토리아공원 시장(Victoria Park Market) 역시 퀸 거리와 교차하는 빅토

자연방목 사슴농장

리아 거리를 따라 서쪽으로 조성된 자유시장으로, 오래된 벽돌 굴뚝이 이 시장의 상징이다. 이곳에는 옷과 음식, 공예품, 기념품, 골동품 상점들과 여행사도 있으며, 약 1km까지 계속된다.

오클랜드시립미술관(Auckland City Art Gallery)에는 14세기경의 유럽 미술품과 뉴질랜드의 근·현대 미술 소장품이 있다. 세계적으로 유명한 작품이 있는 것은 아니지만, 뉴질랜드의 미술·예술품을 접할 수 있는 곳이다. 월요일부터 금요일까지는 낮 12시에, 일요일에는 오후 2시에 가이드가 딸린 투어가 진행된다.

뉴질랜드에서 세 번째로 큰 도시인 크라이스트처치(Christchurch)는 '정

오클랜드시립미술관

오클랜드시립미술관

원의 도시'라고 불릴 만큼 아름답다. 크라이스트처치는 3헥타르당 1헥타르가

공원이나 보호구 혹은 레크리에이션에 이용되며, 대부분이 영국적인 포근한

느낌을 얻을 수 있는 우람한 나무들을 도시 곳곳에서 만날 수 있다. 또한 이

곳은 우아하고 고풍스러운 영국식과 고딕식, 식민지식 등의 각기 다른 건축

양식을 접할 수 있으며, 웅장한 건축물과 우아한 공원으로 아름답게 꾸며진

고전적이고 매력적인 도시라 할 수 있다.

그리고 대성당(Cathedral)은 시 중심에 위치해 있는 영국 고딕양식의 성

당으로 크라이스트처치의 상징이다. 탑의 높이는 63m로, 안쪽으로 133개

의 계단을 올라간 곳에 전망대가 있어 날씨가 맑은 날에는 남 알프스 산봉

오클랜드시립미술관                    오클랜드대성당

우리를 볼 수 있다. 대성당의 광장은 항상 마술사 공연과 전시회, 거리연설 등 다채로운 각종 활동이 이루어지고 있으며 식당과 시장, 쇼핑센터들이 즐비하다.

해글리공원(Hagley Park)은 에이번강(Avon River) 호반에 펼쳐져 있는 공원으로, 면적은 202헥타르이며 130년의 전통을 자랑하고 있다.

이 공원은 북해글리공원과 남해글리공원으로 나누어져 있으며, 중앙에는 식물원이 있다. 또한 골프 코스와 테니스 코트, 사이클링 코스, 산책길이 있어 많은 사람의 휴식공간으로 사랑받고 있다.

나무가 늘어서고 풀로 뒤덮인 둑이 특징인 에이번강은 도시의 중심을 흐르

세계에서 나무의 너비(폭)가 제일 큰 나무

는 강으로 바닥의 수초가 보일 정도로 물이 맑다.

에이번강 강가에서 산책하거나 자전거를 탈 수도 있으며, 에이번강을 내려
가는 곤돌라를 타고 아름다운 건축물을 감상하거나 카누를 빌려 타보는 것도
또 다른 재미를 경험할 수 있다.

리틀턴항(Lyttelton Harbour)은 크라이스트처치에서 남쪽으로 13km 떨
어져 있는 곳으로, 뉴질랜드 제3의 무역항이며 요트광들이 제일 좋아하는 곳
이다. 여기서는 멀리 남알프스산맥과 더불어 내항의 풍경을 포착할 수 있을
뿐만 아니라 야경이 매우 아름다워 캔터베리 지방에서도 손꼽히는 밤 항구의
모습을 자랑한다.

북섬의 중앙 로토루아호수(Lake Rotorua)와 타라웨라산(Mt. Tarawera)

로토루아 실내 온천탕

을 끼고 발달한 도시 로토루아(Rotorua)는 뉴질랜드에서 11번째 크기의 규모와 인구 6만 8,000명이 사는 그다지 크지 않은 도시이다. 뉴질랜드 전역을 뒤덮는 화산 지대 중 북섬의 중심인 이곳에서 관광객을 제일 처음 반기는 것은 유황 냄새로 이곳의 다른 이름인 '유황의 도시'를 떠올리게 한다. 하루에도 몇 번씩 솟구치는 간헐천과 뿌연 증기로 가득한 온천호수와 온천 폭포 등의 풍경들은 살아 있는 지구의 안쪽 세계를 상상하게 한다.

  로토루아지방은 와이카토강을 시발로 하는 로토루아호수를 중심으로 이루어지는데, 이 호수는 14세기 중반 하와이에서 카누를 타고 항해하여 온 오호마랑 부족의 후손인 이헹아(Ihenga)가 발견하여 '두 번째 호수'라고 지어졌다. 로토루아호수의 남쪽에는 시내가 형성되어 있고, 서쪽에는 뉴질랜드의 상징인 양 떼들이 뛰노는 아그로돔(Agrodome)과 송어 양식이 활발한 파라다이스 밸리가, 동쪽에는 진흙 열탕 지대인 티키테레(Tikitere), 남쪽에는 로토루아 관광을 구성하는 마오리 마을과 간헐천이 있는 와카레와레와(Whakarewarewa)와 타라웨라산이 그 위용을 보여주고 있다.

현재 로토루아에는 약 5,000명의 마오리인들이 전통을 이어가고 있으며 호텔에서 마오리족의 민속춤인 하카춤을 감상하며 그들의 독특한 식사인 항이식을 즐길 수 있다.

와카레와레와온천지(Te Whakarewarewa Thermal Reserve)는 로토루아에서 가장 크게 널리 알려진 온천지대이자 마오리 문화의 중심지이다.

이곳에서 가장 환상적인 웅장함을 내보이는 곳은 바로 포후투 간헐천(Pohutu Geyser)으로서 매시간 한 번씩 분출한다. 한 번에 5분에서 10분 정도 분출하는 이 간헐천은 보통 20m 정도이고, 높게는 30m 이상의 높이로 공중에 뿌려지게 된다.

또 와카레와레와에서 절대로 빼놓지 말아야 할 관광지는 마오리예술공예관으로, 미술관과 마오리 마을, 키위 하우스 등이 있다. 그리고

로토루아 와카레와레아 온천지역(출처 : 현지 여행안내서)

매일 정오에는 광장에서 마오리 콘서트가 열려 관광객들에게 좋은 반응을 보인다.

폴리네시안 풀(Polynesian Pools)은 1878년에 발견된 온천으로 내부에는 관절염과 류머티즘에 효과가 있는 'The Old Priest Bath', 피부염이나 피부 미용에 효과가 있는 'The Rachel Spring', 류머티즘성 질병이나 기능적 질환에 효과가 있는 알칼리성 온천인 'The Radium Spring'으로 구분되어 있다. 폴리네시안 폴은 노천탕으로 이용 시에는 수영복을 준비해야 하며 프라이빗 욕실도 있어서 혼자서 여유 있게 즐길 수도 있다.

레인보우 팜 & 페어리 스프링스(Rainbow Farm & Fairy Springs)는 시내에서 북쪽으로 4.8km 떨어져 있는 곳에 위치해 있다. 아름답게 만들어진 연못과 시냇물에는 각종의 송어들이 양식되고 있으며 오리와 거위에게 직접 먹이를 줄 수도 있다. 또한 원 내에는 진귀한 새와 여러 종류의 식물을 볼 수 있고, 가까이에서 동·식물을 접할 수 있다는 것이 큰 매력이다.

로토루아호수는 로토루아 내에 있는 12개 호수 중에서 가장 큰 것으로 오래전에 화산활동으로 인해 생성되었다. 시원하고 오염되지 않은 천연 그대로의 호수에서 싱싱한 송어 낚시를 할 수 있고 유람선을 타거나 수상스키를 즐길 수 있다.

남섬 끝에 자리 잡고 있는 아름다운 호수와 산의 평화로움이 가득한 매력적인 도시 퀸스타운은 짙은 푸른빛의 와카티푸 호숫가에 거대한 고산들로 둘러싸여 있다. 특히 자연과 더불어 할 수 있는 모험성 스포츠가 활발히 이루어지고 있는 이곳에서는 번지점핑과 래프팅, 제트보트 타기, 승마, 스카이다이빙, 산악자전거 타기 등 다양하고 이색적인 경험을 할 수 있다.

와카티푸호수(Lake Wakatipu)는 뉴질랜드에서 세 번째로 큰 호수로 마오리족들은 '비취호수'라고 불렀다. 그림 같은 호수와 산의 모습을 가장 잘 감상하기 위해서는 하루에 세 번 운항하는 증기선 언슬로호를 타거나 경비행기를 타고 관광하는 방법이 있다. 또한 와카티푸호수는 약 15분마다 수위가 8cm가량 증가하는 특이한 현상이 나타난다.

퀸스타운의 와카티푸호수 증기선 언슬로호(출처 : 현지 여행안내서)

스카이라인 곤돌라(Skyline Gondola)는 퀸스타운의 뒤쪽에 위치해 있는 봅스 힐(Bob's Hill)로 올라가는 곤돌라로, 세계에서도 손꼽히는 경사를 자랑한다. 정상의 전망대에서는 퀸스타운의 시가와 와카티푸호수의 아름다운 경관을 볼 수 있으며, 퀸스타운에서 20km를 가면 아직도 그옛날의 골드러시 때 건물 대부분을 그대로 사용하고 있는 역사적이고 그림 같은 마을 애로우타운(Arrowtown)이 있다. 애로우타운의 황금빛 가을 단풍은 사진작가들에게 기쁨을 주며, 헤이어즈호수는 송어 낚시터일 뿐만 아니라 사진작가, 화가들에게 최상의 장소이다.

키위와 버드라이프공원(Kiwi & Bird life Park)의 키위 새는 야행성이기

동틀 무렵 밀퍼드사운드(출처 : 현지 여행안내서)

때문에 암실에서 사육되며, 일반적으로 숲에서 자연에 가까운 상태에서 새들이 사육되고 있다. 매일 오전 9시부터 저녁 5시 30분까지 개장한다.

피오르드랜드(Fiordland)에서 최고의 볼거리 중의 하나인 밀퍼드사운드(Milford Sound)는 빙하에 의해서 주위의 산들이 1,000m 이상에 걸쳐 거의 수직으로 깎여서 바다로 밀려들었다는 장대한 전망으로, 뉴질랜드를 대표하는 풍경으로 자주 소개되고 있다. 이 풍경을 만끽하려면 크루즈가 좋다.

해면의 높이에서 올려다보는 단애(斷崖)는 압도적이다. 그런데 18세기에 뉴질랜드를 탐색한 캡틴 쿡도 밀퍼드사운드는 발견하지 못하고 지나쳤다고 한다. 불과 200년 전까지는 누구도 알지 못했던 이 신비스러운 곳을 지금은 연간 25만 명이나 되는 관광객들이 찾고 있다.

대표적인 경관은 태고의 지각변동과 화산 폭발, 빙하의 침식 등에 의해서 생긴 사운드와 폭포, 호수, 험하고 뾰족한 산봉우리 등으로 현재도 사람들의 손길이 거의 닿지 않아 태곳적부터의 신비한 아름다움을 보여주고 있다. 그 가운데 관광의 중심이 되는 곳은 뉴질랜드 최고의 명승지인 밀퍼드사운드이다.

해수면에서 곧장 1,710m 솟아오른 마이터봉(Mitre Peak)은 바로 밀퍼드에서 수직으로 솟아오른 산 중에서는 세계에서 가장 높은 것 중의 하나이며 주교관의 모양을 닮았다 하여 이렇게 이름이 붙어졌다. 이 봉우리 아랫부분의 물 깊이는 피오르지역 중 가장 깊은 265m에 달한다.

해양보호구역(Marine Reserve)은 데일 포인트로부터 피오르 북쪽

깎아지는 듯한 절벽 사이 래프팅을 즐기는 관광객들
(출처 : 현지 여행안내서)

지역에 이르기까지 최근 해양보호지구로 지정되어 희귀한 적색과 흑색의 산호 등 다양하고 독특한 해양 생물을 보호하는 중이다.

빙하 줄무늬(Glacial Striations)는 절벽 표면에 물줄기로부터 20~50m 위쪽 부분에 큰 수평의 홈, 혹은 줄무늬가 있는데 이것이 약 14,000년 전 빙하가 그 주변으로 표석들을 몰아내면서 형성된 것이다.

깎아지는 듯한 절벽의 측면에서 그 이름이 유래된 폭포지대(Cascade Range)의 이 불모지대는 비가 온 후 더욱 장관이 되는데 그 절벽 면을 따라 수백 개의 폭포가 흘러내린다.

펭귄나무(Penguin Tree)는 피오르드랜드 크레스테드 펭귄이 가끔 이 지

역에 출현하는데, 특히 연안의 나무와 바위 해안에 있는 둥지를 찾아오는 10~12월 사이에 볼 수 있다. 이 펭귄은 주로 여러 가지 작은 물고기와 오징어를 낮에 잡아먹으며 저녁 무렵 둥지로 돌아오게 된다.

뉴질랜드를 여행하면 주변에 가장 많이 보이는 동물은 당연히 뉴질랜드를 대표하는 양 떼들이다. 양이 있는 곳에는 푸른 초원이 있고, 푸른 초원이 있는 곳에는 양 떼들이 풀을 뜯고 있다. 이러한 특성을 살려 각처에 있는 양떼 목장들은 양들에게 먹이를 주는 체험을 하게 하여 관광객을 유치하고 있다. 나아가서 영업성 비전이 강한 사람은 양고기 식당을 운영해서 더욱 많은 영업이익을 창출하고 있다.

그리고 피로에 지친 관광객들의 눈동자를 미소가 가득한 눈동자로 변하게

대표적인 뉴질랜드 양떼목장(출처 : 뉴질랜드 엽서)

양털 깎는 하우스(출처 : 현지 여행안내서)

하는 것은 동틀 무렵과 해 질 무렵
에 개 한 마리가 선두에서 질서 정
연하게 양 떼 수백 마리를 줄을 지
어 인솔하는 모습은 눈을 떼지 못할
아름다운 전경이다. 무리 중에 한
마리의 양이 대열에서 이탈하게 되
면 신속히 달려가서 대열에 합류할
수 있도록 인솔하는 모습은 농장주
인도 할 수 없는 신기한 모습으로만

개 한 마리가 인솔하는 양들의 귀가 행진(출처 : 뉴질
랜드 엽서)

양치기 개 동상

보일 수밖에 없다. 값이 비싼 인건비를 계산하면 날이면 날마다 어김없이 자기의 책임과 임무를 다하는 개를 매일 등에 업고 다녀도 이상하지 않을 것이다.

한 예로 크라이스트처치에서 테카포호수(Lake Tekapo)로 이동하면 인근에 선한목자교회와 양치기(양몰이) 개 동상을 만날 수 있다. 양치기 개 동상의 사연은 영국에서 젊은 부부가 뉴질랜드에 이민을 와서 '무엇을 해서 먹고 살까?'라고 몇

개월을 고민하다가 양떼목장을 운영하기로 결심했다. 그래서 장소를 물색하고, 20여 마리의 양을 구매하고, 추가로 개 한 마리를 입양해서 양떼목장을 운영하기에 이른다. 처음에는 양들의 숫자가 부족해서 영업이익이라고는 보잘것없었다.

그러던 어느 날 갑자기 기적 같은 일이 일어났다. 매일 저녁(야밤)에 집에서 기르는 개가 어디에서 데려오는지 자고 일어나면 5~10여 마리의 양을 사육장으로 데려와 양들의 숫자가 나날이 불어났다.

그러나 급기야 너무나 많은 양을 잃어버린 양떼목장 주인은 화가 나서 개 주인을 상대로 양을 도둑질했다고 사법부에 고발하였다.

개 주인은 절대로 훔쳐 오지 않았다고 결백을 주장했다. 그러다가 마지막 변론으로 사람이 아닌 개가 양몰이를 했다고 증거를 제시하자 정상이 참작되어 개 주인은 감옥에서 수감 생활을 면할 수 있었다. 그리고 양떼목장 부부와 개는 열심히 노력한 덕분에 부자가 되었다.

세월이 흘러 '세월 앞에 이길 장사 없다.'고 남편이 먼저 세상을 뜨고 자식 같은 개마저 사망에 이른다. 홀로 남은 부인은 충성스러운 개의 무덤만으로 부족해서 개 사진을 가지고 자기의 고향 영국에 가서 동상을 주문해 이곳에 양몰이 개 동상을 세워 놓았다고 한다.

그리고 인근에는 좌석이 20여 개에 불과한 작은 선한목자교회가 있는데, 현재도 교회를 운영하고 있으며 창문을 열고 창밖을 바라보면 그림 같은 경

선한목자교회

치가 보는 이로 하여금 감동을 자아내게 한다.

남섬에 있는 테카포호수와 선한목자교회, 양치기 개 동상은 오늘도 어김없이 관광객이나 여행자들의 발길을 기다리고 있다.

Part 2.

# 멜라네시아

## Melanesia

# 피지 Fiji

정식명칭은 피지공화국(Republic of Fiji Islands)이다. 동쪽은 통가, 서쪽은 바누아투, 남쪽은 뉴질랜드, 북쪽은 투발루로 이어지는 대양(大洋)상에 있으며 날짜 변경선이 양대 섬의 하나인 바누아레부섬을 지나간다.

지형적으로 태평양상의 낮은 대륙붕 위에 떠 있는 '섬들의 집합체'로 2개의 큰 섬과 322개의 아주 작은 섬들로 이루어져 있다. 행정구역은 4개 구(Division)와 1개 보호령(Dependency : 로투마 Rotuma)으로 되어 있다.

피지는 지형적으로는 대륙붕 위에 떠 있는 '대륙적인 섬들'이다. 비티레부(Viti Levu), 바누아레부(Vanua Levu), 타베우니, 칸다부섬 등 큰 섬은 기반암이 화성암이나 수성암 등으로 되어 있고, 산이 많다. 나머지 대부분 섬은 산호초로 둘러싸인 산호섬으로, 특히 라우섬에는 환초가 현저하게 발달해 있다.

많은 섬 가운데 가장 큰 비티레부섬은 전체 국토 면적의 절반 이상을 차지하며 해발 고도 1,324m의 토마니비산을 정점으로 하여 기복이 심한 산악 지형이 나타난다.

기후는 대체로 고온다습하고, 월평균 기온은 23~26℃, 평균 습도는 80% 정도이다. 1년 내내 무역풍의 영향을 받으며, 수도인 수바(Suva)의 연평균 강우량은 3,124mm로 바람받이와 바람그늘의 강우량은 차이가 크다. 11월부터 1월 사이에는 태풍이 자주 불며 과도한 경작으로 산림 황폐와 토양 침식이 종종 나타난다. 전체 국토 면적 중에서 경작 가능지는 10.95%, 농경지는 4.65%, 기타 84.4%(2015년 기준)이다.

피지 국민의 민족별 종족 구성을 보면 피지인 54.8%, 인도인 37.4%, 기타 유럽과 중국인 7.9%(2015년 추산) 등이다. 원주민인 피지인은 솔로몬이나 파푸아뉴기니와 비슷한 멜라네시아계이지만 해양에 의한 접촉이 빈번하여 폴리네시아인과의 혼혈인도 많다.

공용어는 영어와 피지어이며 인도어도 사용된다. 피지어는 말라요-폴리네시아어 계통에 속하며 많은 방언을 가지고 있다. 종교 분포를 보면 그리스도교 53%(감리교 34.5%, 가톨릭 7.2%, Assembly of God 3.8%, Seventh Day Adventist 2.6%, 기타 4.9%), 힌두교 34%(사나탄파 25%, 아리아사마지파 1.2%, 기타 7.8%), 이슬람교 7%(수니파 4.2%, 기타 2.8%), 무교 0.3%(2016년 기준) 등이다. 영국 식민지 시대에 노동자로서 유입한 인도인의 후손이 전인구의 약 35%를 차지하며 이들은 원주민보다 문화·경제적인 수준이 훨씬 높다. 이들은 힌두교를 믿으며, 피지인과의 갈등이 심하여 충돌이 잦다.

피지 역사를 살펴보면 1643년 네덜란드인 탐험가 태즈먼(Abel Janszoon Tasman)에 의하여 발견된 피지는 유럽인의 정착이 이루어진 후에도 19세

서임식을 진행하는 서열 높은 추장님(출처 : 현지 여행안내서)

기 중엽 여러 추장의 패권 다툼으로 내전이 벌어졌다. 당시 이곳에 와있던 미국인들은 중립을 지켰지만, 생명과 재산을 잃게 되자 피지 왕(王)으로 자처하고 있던 자콘바우에게 4만 5,000달러의 배상금을 요구하였다. 지급능력이 없었던 자콘바우는 영국에서 돈을 빌리는 대가로 20만 에이커의 토지를 할양하였으며, 이것을 계기로 1874년 영국은 섬 전체를 식민지로 삼았다. 그후 1966년에 자치기구를 확립, 같은 해 9월 입법의원 선거를 시행한 데 이어 1970년 10월 영연방(英聯邦) 가맹국으로 독립하였다. 당시 피지의 국가 원수는 영국의 엘리자베스 여왕이고 1972년 이후 조지 카코바우(Cakobau)가 총독으로 임명되었다.

독립 이후 마라 수상이 이끄는 동맹당이 계속 집권하였지만 1987년 총선에서 인도계 피지인의 지지를 받은 바바드라의 연맹당에게 패배하였다. 이에 반발하여 1987년 5월 바이니마라마(Commodore Voreqe Bainimarama)가 피지인들의 정치세력 확대를 목적으로 쿠데타를 일으키고, 불만을 해소하기 위한 연립 내각(토착 피지인 50%와 인도계 피지인 50% 구성) 구성안에도 반발, 9월에는 재차 쿠데타를 발생시켰다. 1987년 10월에는 공화국을 선언하고 영국연방을 탈퇴

마을 축제를 진행하는 추장님(출처 : 현지 여행안내서)

하였으며 이에 다수의 인도인이 피지를 떠나게 되었다.

12월에 가닐라우(Penaia Ganilau)가 임시 대통령으로 선출되었고 마라를 수상으로 하는 임시 민간정부에 정권이 이양되었지만, 실권은 라부카에게 있었다. 그리고 1990년 7월 신헌법이 공포되었다.

피지 정치는 1990년 7월 25일 채택된 신(新)헌법에 따라 정체는 다원주의와 다당제를 표방하는 내각책임제 공화국이다. 의회는 임기 6년의 상원 32석(14석은 하원의 동의 아래, 9석은 수상의 동의 아래, 8석은 야당의 동의 아래, 1석은 로투마주의회의 동의 아래 대통령이 임명)과 임기 5년의 하원 71석(23석은 피지인, 19석은 인도인, 3석은 나머지 소수 민족, 1석은 로투

마을축제에 참가하는 남성들(출처 : 현지 여행안내서)

마 주의회, 25석은 투표)으로 구성된다. 대통령은 하원에서 선출하며 조세파 일로일로(Ratu Josefa Iloilovatu Uluivuda)가 2006년 3월 18일 재선되어 오늘에 이른다. 쿠데타 지도자 프랭크 바이니마라마(Commodore Josaia Vorequ Bainimarama)가 수상으로 지명된 후 의원 중에서 각료를 임명하였다. 하원은 인종적 평등을 유지하기 위하여 피지계, 인도계, 그 밖의 민족에게 공평하게 의석이 분배되도록 짜여 있다. 2006년 5월 총선 결과 하원의 정당별 의석 분포는 통합 피지당(SDL) 36석, 피지 노동당(FLP) 31석, 통합 인민당(UPP) 2석, 독립당 2석 등이다. GDP 중 군사비 지출이 차지하는 비중은 2.2%(2015년 추산)이다.

피지 경제를 살펴보면 GDP의 산업별 구성은 농업 8.9%, 광공업 13.5%, 서비스업 77.6%(2014년 기준 추산)이지만, 설탕이 수출 총액의 절반을 차지할 정도로 가장 큰 산업으로 사탕수수 등 농업에 종사하는 노동력의 비율이 70%에 이른다. 광농업은 코프라, 카카오, 금 등의 산출이 주된 업종이다. 최근에는 경공업도 발전하고 있으며 어업, 임업 개발에도 박차를 가하고 있다. 피지는 남태평양에서 가장 일찍 경제 개발이 이루어진 나라로 아메리카 대륙과 오세아니아 대륙을 잇는 중계지역에 해당하기 때문에 관광 수입도 경제에 큰 비중을 차지한다. 한때 관광객이 30~40만 명에 이르고 쿠웨이트나 이라크에서 일하는 노동자의 송금도 경제에 큰 보탬이 되었다. 불확실한 토지 소유권으로 인한 장기적인 투자 유치의 실패, 정부의 방만한 재정 운용 등이 문제로 남아있다.

피지는 인도계 민족이 경제적 실권을 쥐고 있으나 토지 대부분은 피지인들이 가지고 있으므로 경제적 지배를 둘러싼 사회구조가 조화를 이루지 못하고 있을 뿐만 아니라, 문화와 종교 면에 있어서 뿌리 깊은 대립상태가 계속되고 있다. 고등 교육기관으로는 태평양의 도서국들과 협력하여 설립한 남태평양대학이 수바에 있으며, 비티레부섬 남부 난디에 국제공항이 있다.

피지 문화에 대해서 살펴보면 부족 간의 정교한 서임식, 결혼식, 서열 높은 추장들을 위한 의식 등에서 피지인의 전통적인 생활 모습이 뚜렷하게 나타난다. 대부분의 원주민 여성은 아직도 금과 은의 전통적인 장신구를 걸치며 술루(Sulu)라는 전통의상을 입는다. 전통적인 결혼식이 행해지고 있으며, 종교의식의 한 부분으로 불 위에서 걷기(Fire Walking)와 자기 고문의식(Ritual

마을축제에 참가하는 여성들(출처 : 현지 여행안내서)

self-torture) 등이 중요하다. 힌두 축제 디왈리(Diwali)가 매년 10월에 열
리며 이날은 공휴일이기도 하다. 전통 의식을 치르면서 전통적인 공예가 함
께 발달하였는데 뽕나무 껍질로 만든 마시(Masi), 타파(Tapa) 같은 옷감이
나 멍석 짜기, 나무 조각하기, 카누 만들기 등이 유명하다.

피지에는 두 개의 일간지가 있고, 여러 부족 언어로 방송하는 라디오 방송
국이 있다. 비록 갈등이 표출되지만, 피지의 다민족적인 주민 구성이 오늘날
피지 문화를 풍부하게 한다.

피지와 한국과의 관계를 살펴보면 피지는 한국과 1970년에 수교한 이후
긴밀한 우호 관계를 유지하고 있으며, 1980년 12월 7일에 한국의 상주 대사
관이 설치되었다.

1978년 6월 마라 수상이 한국을 방문한 데 이어, 1982년 2월 정내혁 국회의장이 피지를 공식 방문하였다. 1997년에는 국회 예결위원단이 방문하였고, 1998년 10월에는 보니보보 외무장관이 방한하였다. 항공협정(1994년), 이중과세방지협정(1994년)을 체결하였다. 피지 정부는 한국의 국제해양법재판소 재판관 선거(1996년, 2005년), ILO 및 ECOSOC 이사국 선거(1996년), 대륙붕한계위원회 위원선거(1997년), FAO 및 IMO 이사국 선거(1997년), INTELSAT 사무총장 선거, 국제해저기구 및 ITU 이사국 선거(1998년), ECOSOC 이사국 선거(2000년), ICTY 재판관 선거(2001년), ICC 재판관선거(2003년), IPU 집행위원 선거(2005년) 등 각종 국제기구 선거에서 우리나라 입후보를 전폭적으로 지지하여 왔다.

한국은 1991~2006년간 약 600만 달러 상당의 무상원조를 제공하였으며, 2000년 피지 쿠데타 발생 이후 양국 간 교역량이 대폭 감소하였으나, 2003년 이후 회복되어 최근에는 양국 교역량이 2천만 달러 이상으로 회복되었다. 2006년 기준 대한 수입 2,026만 달러, 대한 수출 349만 달러이다.

주요 수출품은 당밀, 냉동 어류 등이며, 수입품은 복합비료, 승용차, 타이어 등이다. 피지 정부는 호주 및 뉴질랜드에 대한 지나친 경제의존에서 탈피, 향후 아시아 제국과의 협력 및 교역 다변화를 적극적으로 추진하고 있는데, 특히 한국의 경제발전을 높이 평가하고 한국과의 경제 협력관계를 희망하고 있다. 피지 방문으로 한국 관광객이 급증하는 가운데 2016년 기준 1,000여 명의 교포가 거주하고 있다.

국토 면적은 18,274km²(경상남북도를 합친 크기)이며, 수도는 수바

(Suva)이다. 인구는 90만 9천 500명(2022년 기준)이고, 시차는 한국시각보다 3시간 빠르다. 한국이 정오(12시)이면 피지는 오후 15시가 된다. 화폐는 피지달러(FID)화를 사용하며, 환율은 한화 1만 원이 피지 18달러로 통용된다. 전압은 240v/50Hz 사용한다.

피지에서 세 번째로 큰 도시 난디(Nandi)는 국제공항이 있기 때문에 피지의 관문이자 관광 거점을 이룬다. 난디강이 시내를 관통하며 호텔과 리조트들이 많이 몰려있어 숙박 시설과 해양스포츠 시설을 편하게 이용할 수 있다. 비디레부(Viti Levu)섬의 서쪽 해안상에 산을 등지고 위치해 있다. 난디는 국제공항이 있는 피지의 관문 도시로서 피지가 자랑하는 관광지가 모두 이곳에서 출발한다고 말해도 과언이 아닐 정도로 난디를 중심으로 주요 휴양지들

해양관광을 즐기는 여행자들(출처 : 현지 여행안내서)

스노클링하는 여인(출처 : 현지 여행안내서)

해양관광 스포츠를 즐기는 관광객들(출처 : 현지 여행안내서)

바다낚시를 즐기는 관광객들(출처 : 현지 여행안내서)

원주민 가족들 여행(출처 : 현지 여행안내서)

바다에 고기잡으러 가는 원주민들(출처 : 현지 여행안내서)

태풍으로 인한 피해현장(출처 : 현지 여행안내서)

잠자는 거인의 정원(난초공원)

이 집중되어 있다.

2000년도에 들어서면서 최고급 리조트 시설들도 난디 주변에 들어섰고, 꽤 오래전부터 유명 연예인들의 별장들이 난디 주변과 주변 섬들에 위치해 있어 유명세가 높아진 도시이기도 하다.

잠자는 '거인의 정원'은 난디 북쪽 슬리핑 자이언트산 기슭에 조성된 세계적인 난초정원이다. 이름은 산의 모양이 '거인이 누워 잠을 자는 형상'이라고 해서 붙여졌다. 온 세계에서 모은 난초가 사철 아름다운 꽃을 피우고 향기를 풍긴다. 넓은 정원 안에 시냇물과 폭포가 있어 피크닉을 즐기기에 알맞다. 미국 배우 레이먼드 버(Raymond Burr)가 세계 각국에서 모은 난을 정원에 심기 시작하면서 조성되었다.

피지 역사학자들은 피지의 역사를 약 3,000년으로 보고 있으나, 피지 사람들이 어디에서 들어와 정착하게 되었는지 아직도 분명하게 밝히지 못하고 있다. 단지 인도네시아 방면이나 남아프리카 쪽이 아닌가 하고 추측만 할 뿐이다. 피지인들이 처음으로 외부에서 들어와 정착했던 비세이세이 전통마을은 이 마을에 첫발을 내디뎠다고 해서 큰 의미를 두고 있다.

오늘은 피지 원주민들의 전통을 체험하는 사우나카빌리지센터(Saunaka Village Center)를 방문하는 날이다.

우리 일행들이 전통마을에 도착하니 전통마을 추장님이 우리 일행들에게 일일이 꽃다발을 목에 걸어준다. 그리고 주민들은 모두 박수로 우리 일행들

사우나카빌리지센터

을 환영한다. 우리 역시 손을 흔들어 화답했다.

그리고 현지 가이드와 인솔자의 동시통역으로 방문 일정을 진행하기로 했다.

먼저 마을 추장님이 "전통마을 체험에 참여하여 주신 여러분께 깊은 감사를 드린다."고 했다.

다음은 필자가 일행들을 대표해서 "추장님을 비롯하여 주민 여러분들께서 우리 일행들을 초대해주셔서 무한한 영광으로 생각하며 깊은 감사의 뜻을 표합니다."라고 인사를 했다.

그리고 오늘의 주인공 전통체험 매니저의 지시에 따라 손동작 발동작을 번갈아 하며 체험에 동참하면서 서투른 솜씨로 민망스럽게 웃음을 만들어내기

사우나카빌리지센터

도 했다. 그러나 일행 모두가 무리 없이 주어진 한 시간 일정을 무난히 소화
했다.

마지막에는 원주민들과 손에 손을 잡고 원을 그리며 가벼운 춤을 추면서
헤어질 때는 서로서로 껴안고 헤어지는 인사에 아쉬움을 남겼다.

# 솔로몬제도 Solomon Islands

솔로몬제도(Solomon Islands)는 오세아니아 남태평양의 파푸아뉴기니 동쪽에 있는 섬나라이다. 1884~1885년 북부의 섬들은 독일 보호령으로, 1893~1898년 중앙부와 동부의 섬들은 영국 보호령이 되었다. 그리고 1952

전세계에서 온 이주민들(출처 : 현지 여행안내서)

전세계에서 온 이주민들(출처 : 현지 여행안내서)

년부터 영국의 지배를 받다가 1978년 7월 7일 영국연방으로 독립하였다.

솔로몬제도는 뉴기니섬 동쪽 해상에 북서~남동쪽으로 1,500km나 되는 먼 거리에 펼쳐져 이어지는 솔로몬제도와 산타크루즈제도 등으로 이루어져 있다. 크고 작은 수많은 화산섬 중에서 주도(主島)는 과달카날(Guadalcanal), 슈이젤(Choiseul), 산타이사벨(Santa Isabel), 말라이타(Malaita), 산 크리스토발(San Cristobal), 산타크루즈(Santa Cruz), 기조(Ghizo)섬 등이며, 그 밖에 수많은 환초 등을 포함한다. 제2차 세계대전 때는 태평양에서 전략적인 요충지로서 중요한 지역이었고 오늘날 남태평양 국가 가운데 최빈국에 해당한다.

아름다운 산호초와 난파선, 열대어 등을 볼 수 있어 스쿠버 다이빙의 천국

전세계에서 온 이주민들(출처 : 현지 여행안내서)

이다. 행정구역은 9개 주(Province)와 1개 수도권(Capital Territory : 호니아라)으로 이루어져 있다. 수천 년 동안 전 세계에서 온 이주민들이 여기저기 흩어진 섬에서 고립되어 살고 있던 원주민과 혼합하면서 솔로몬제도의 문화적 다양성을 풍부하게 만들고 있다. 멜라네시아, 폴리네시아, 아시아, 미크로네시아, 일부 서양인 등 이들 모두가 솔로몬제도를 자신들의 고국이라고 부르면서 다양한 섬의 전통을 불어넣고 있다.

　수많은 작은 섬에서 고대 관습이 여전히 시행되고 있으며 솔로몬제도에서의 생활은 여행자에게는 흔히 기대하지 않은 뜻밖의 것으로 다가오기도 한다.

　수 세기 동안 계속된 서양 '이방인들'의 착취와 그들에 대한 실망에도 불구하고 현지인들은 여행자가 자신들의 땅에 들어와 그들 세계의 일부를 돌아보는 것도 허용한다.

스페인 사람들이 최초로 발견한 이후로, 992개의 섬 솔로몬제도는 수 세기 동인 잊혀진 곳이었다. 솔로몬제도는 스쿠버 다이빙, 스노클링, 낚시광들에게 세계에서 가장 멋진 여행지로 알려질 정도로 유명한 곳이다.

정식명칭은 솔로몬제도로 면적은 28,370km²이며, 인구는 약 72만

전세계에서 온 이주민(출처 : 현지 여행안내서)

2,000명(2022년 기준)이다. 언어는 영어를 사용하며, 민족구성은 멜라네시아인(95%)과 폴리네시아인(3%)이다.

종교는 기독교인이 95%, 나머지는 토속신앙을 믿는다.

화폐는 솔로몬 달러(SBD)를 사용하고, 환율은 한화 1만 원이 솔로몬 70달러로 통용된다. 시차는 한국시각보다 2시간 빠르다. 한국이 정오(12시)이면 솔로몬제도는 오후 14시가 된다. 전압은 240V/50Hz를 사용한다.

솔로몬제도의 수도인 호니아라(Honiara)는 남태평양 남서쪽 마타니코(Mataniko) 강어귀에 자리 잡은 솔로몬제도 최대의 섬인 과달카날섬(Guadalcanal Island)에 자리 잡고 있는 항구도시이다.

이 지역은 2차 세계대전 당시 가장 치열했던 곳으로, 전쟁 이후에 도시가 세워졌다. 이곳은 1952년부터 영국 보호령 솔로몬제도의 수도로서 역할을 하게 되었으며, 1978년 솔로몬제도가 영국 보호령 하에서 독립하면서 비로소 솔로몬제도의 정식 수도가 되었다.

2차 세계대전 말에 투라기(Tulaghi)에서 옮겨진 신(新)수도인 호니아라는 인구 53,000명이며 도심에서 약 16km 떨어진 곳에 헨더슨 국제공항(Henderson International Airport)이 있다. 현재 항만시설을 확장하면서 해상로를 통한 물류량이 증가하고 있다.

과달카날에는 일련의 자연명소와 함께 수도인 호니아라에 흥미로운 명소가 있다. 다이빙 투어, 크루즈, 2차 세계대전 당시의 관광명소 등이 모두 수도인 호니아라에서 출발하므로 마을에서 얼마간 지난 후에야 눈에 띄는 활기찬 분위기를 느낄 수 있다. 여행자는 공예품점을 둘러보거나 카페나 레스토랑, 바에서 즐길 수 있다.

뉴기니산계(山系)에 딸린 화산, 지형은 전반적으로 험준하여 최고봉 마카라콤부루산(2,447m)을 비롯한 2,000m 이상의 산들이 많다. 섬 전체가 열대우림으로 덮여있고 해안에는 맹그로브가 우거져 있다. 1567년 에스파냐 사람이 발견, 1893년 영국령이 되었으며, 제2차 세계대전 후 1978년 7월에 영국령 솔로몬제도의 다른 섬들과 함께 영연방의 일원으로 독립하였다.

한편, 제2차 세계대전 중 1942년 8월에서 1943년 2월까지 미군과 일본군 사이에 이 섬에서 '과달카날의 싸움'으로 부르는 격전이 벌어졌고, 부근 해역에서는 '과달카날해전(솔로몬해전)'이 벌어졌다. 이 싸움에서 일본군이 패배

함으로써 일본이 패전하는 결정적인 계기가 되었고 그 격전지는 명소인 '이스턴 배틀필드'라는 이름으로 남아있다.


    피지 난디 공항을 출발한 비행기는 2017년 8월 21일 오전 10시경 솔로몬 제도 수도 호니아라 국제공항에 도착했다. 그리고 바로 호텔로 이동해서 중식을 해결하고 시내 관광을 위해 거리로 나섰다.

    먼저 호텔 인근의 재래시장으로 향했다.

    이곳 재래시장에는 식생활에 제일 많이 이용되는 채소와 과일 종류가 주류를 이룬다. 그리고 가장자리 부근에 다양한 생선이 즐비한 어물 가게들이 집단으로 형성되어 있다.

재래시장

재래시장

　시장 상인들과 고객들 간에 물건을 사고파는 모습은 육지나 섬나라인 호니
아라 시장이나 다름이 없다. 시장통 골목을 이 골목 저 골목을 누비며 구경을
해 보아도 돈을 주고 사고 싶은 물건이 눈에 띄지 않는다. 그래서 다음 여행
지인 국립박물관으로 이동했다.

　박물관 역시 시설이나 소장품이 너무나 열악한 이유로 카메라에 담을 만한
곳이 없다. 이웃에 있는 기념품 가게 또한 이곳저곳을 들러보아도 기호에 맞
는 제품이 없다. 그래서 지갑 속에 든 현금이 밖으로 나오려고 하는 충동을
막을 수 있었다.

　돈을 절약했으니 '오늘 저녁은 맛있는 음식으로 식사를 해야지.' 하는 마음
을 가지고 식당으로 향했다.

국립박물관

국회의사당 표지판

오늘은 낮 12시 비행기로 호니아라를 출발, 바누아투 수도 포트빌라로 이동하는 일정이다. 그래서 우리는 조식 후 바로 국회의사당으로 향했다. 국회의사당은 호니아라 시내 가장자리 언덕 위에 있다. 전용 미니버스를 이용해 현지에 도착하니 정기 휴무라고 출입을 통제하고 있다. 경비원에게 잠시 들어가서 기념 촬영을 부탁하니 말도 끝이 나기 전에 "No!"라고 답을 한다. 특히 외국인은 더욱더 "노, 노!"라고 연발한다. 그래서 국회의사당 표지판을 배경으로 기념 촬영을 하고 돌아서야 했다. 하기야 우리나라 읍면동사무소보다 규모가 작은 국회의사당을 무리해서 내부를 보고 싶은 마음은 정녕코 없었다.

눈만 뜨면 보이는 바다로 인해 섬나라 해양문화 외에는 너무나 관광지가

과달카날의 싸움터 이스턴 배틀필드

열악하기에 그나마 일정에 있어 찾아왔을 뿐이다. 쫓겨나는 기분으로 허무한 마음을 달래며 '과달카날 전쟁터'라고 불리는 제2차 세계대전에서 미군과 일본군의 최대 격전지로 이동했다.

격전지는 그로부터 80년 가까운 세월이 지났지만, 주변에는 잡초가 무성하고 그날의 전쟁터에는 각종 재래식 무기들이 녹이 슨 채로 이곳저곳에 고철 덩어리로 변하여 산재해 있다.

그날의 참상을 미루어 짐작해 보면서 기념 촬영과 더불어 솔로몬제도의 일정을 마무리했다.

# 바누아투 <sup>Vanuatu</sup>

바누아투(Republic of Vanuatu)는 오세아니아의 남태평양에 있는 섬나라이다. 18세기에 뉴헤브리디스(New Hebrides)제도라는 이름을 얻었고, 1914년부터 영국과 프랑스의 공동 통치령이 되어 지배받다가 1977년 무렵부터 독립운동이 고조되어 1980년 7월에 독립하였다. 솔로몬제도의 남동쪽, 오스트레일리아의 시드니에서 북동쪽으로 2,550km 떨어진 남태평양에 4개의 큰 섬과 80개의 작은 섬들이 Y자형의 사슬 모양으로 펼쳐져 있다.

주로 침식된 화산섬이나 심한 폭발을 되풀이하는 활화산도 여러 개 있다. 동시에 두 나라(영국과 프랑스)로부터 통치받은 특수한 정치 상황 때문에 주민은 언어 · 종교 · 정치면에서 뚜렷하게 두 계통으로 나누어져 있다.

행정구역은 6개 주(Province)로 이루어져 있다.

바누아투의 섬들은 1606년 스페인 사람에 의해 발견되어 18세기에 섬을 방문한 영국의 제임스 쿡(J. Cook)에 의해 '뉴헤브리디스'라고 이름이 붙여졌으며, 바누아투는 현지어로 '우리들의 토지'라는 뜻이다. 이들 섬은 1906년 이래 영국과 프랑스의 공통 통치가 되어 언어 · 종교 · 정치면에서 둘로 나뉘어 대립이 심화, 독립에 대해서도 분쟁이 일어났다. 그 후 영국과 프랑스 정부가 조정에 나서 1980년 7월 30일 바누아투공화국으로 독립하게 되었다.

남서태평양에 위치한 바누아투는 토레스(Torres), 뱅크스(Banks), 산토스(Santos), 말레쿨라(Malekula) 등 주요 4개의 섬으로 구성되어 있으며, 이 섬에 살고 있는 인종은 동남아시아에서 온 인종이 대부분이다.

또한 바누아투공화국은 독립하기까지 한 세기 동안 많은 격동을 겪은 곳이다. 서방세력의 개척과 약탈이 성행되었으며 독립을 달성하기까지 진통을 겪어왔다. 독립 이후 계속된 정치적 불안으로 인접 국가인 피지, 통가, 서사모아 등에 비하여 경제적으로 낙후되었으나, 정치적인 불안정에도 불구하고 외국인의 투자가 계속되고 있다.

주로 무역을 하는 국가로는 호주와 뉴질랜드, 일본, 네덜란드, 프랑스, 뉴칼레도니아가 있다. 바누아투는 피지섬에서 800km 서쪽, 오스트레일리아에서 1,800km 동쪽에 위치하고 있으며, 13개의 주요 섬과 여러 작은 섬들이 열도를 형성하고 있다.

험준한 산맥과 높은 고원에서부터 해안단구지대, 연안 산호초 및 완만한 구릉과 낮은 고원에 이르기까지 기복이 심하다. 퇴적성 산호 석회암과 화산암이 이들 섬 토양의 대부분을 차지하고 있으며 지각은 지진이 잦아 매우 불안정하다. 그리고 주변의 에로망고, 탄나 등의 남부 섬에는 목초지가 있고, 말레쿨라와 에파테(Efate)의 해안지대에는 홍수림지대가 있다.

기후는 따뜻하고 태양이 눈 부시며 일 년 내내 수영과 일광욕을 할 수 있다. 바닷물의 온도는 겨울에는 22도, 여름에는 28도 정도이다. 비는 적당하게 내리는 편이지만, 동북부는 연간 4,000mm 이상, 중부와 남부는 1,500~2,000mm 정도의 강우량을 보인다.

우리나라는 1980년 7월 바누아투 독립 경축식에 주오스트레일리아 대사가 경축사절로 이 나라를 방문하였다. 이후 1980년 11월 5일 외교 관계를 수립하였으며, 2008년 9월 현재 주파푸아뉴기니 대사가 그 업무를 겸임하고 있다. 양국 간 경제협력은 1981년부터 어업연수생과 농업연수생 등을 우리나라로 초청하여 연수시킨 바 있다. 2014년 현재 우리나라의 대바누아투 수출액은 418만 7,000달러로, 주 종목은 타이어, 어류 등이다. 수입액은 2,085만 달러로, 주 종목은 원목, 조개껍데기 등이다.

제24회 서울올림픽대회에는 8명의 선수단이 참가하였으며, 2007년 현재 1명의 한국 교민과 31명의 체류자가 있다.

국토 면적은 12,190km²이며, 인구는 약 32만 2,000명(2022년 기준)이다.

민족구성은 멜라네시아인이 90%이고, 공용어는 영어와 프랑스어를 사용한다. 종교는 기독교(82%), 토속신앙(7%) 등이다.

시차는 한국시각보다 2시간 빠르다. 한국이 정오(12시)이면 바누아투는 오후 14시가 된다. 화폐는 바누아투 바투(VUV 또는 vt)를 사용하고, 환율은 한화 1만 원이 바누아투 940바투로 통용된다. 전압은 220~240V/50Hz를 사용한다.

포트빌라(Port Vila)는 바누아투의 수도이고, 에파테섬의 남서쪽 해안에 있다.

포트빌라 해변

　이곳은 멜라네시안과 영국, 프랑스, 중국 문화의 혼합지이다. 에파테는 제임스 쿡(J. Cook) 선장이 샌드위치 경의 이름을 따 '샌드위치'라고 부른 섬으로 포트빌라가 있는 곳이다. 외곽 섬으로 가는 여행을 계획하기에 이상적인 곳으로 포트빌라는 빌라 베이(Vila Bay)를 따라 굽어있으며 가파른 산허리까지 차지하고 있다.

　중심지 상업지역은 한쪽으로는 항구와 다른 한쪽으로는 가파른 산으로 접해있는 가로 1km에 세로 250m(0.5마일에서 820피트) 정도의 작은 블록에 교묘하게 자리 잡고 있다. 쿠물 하이웨이(Kumul Highway)가 주요 도로이며 마을을 둘러보기에 가장 좋은 도로이다. 쿠물 히이웨이는 해안을 따라 구불구불 연결되어 있으며 문화센터(Cultural Centre) 외 생선 시장, 포장을

포트빌라 해변

친 시장인 GPO 같은 주요 명소를 지나게 된다.

포트빌라의 랜드마크(Landmark)가 될 만한 것은 문화센터이다. 그곳에는 남태평양의 공예품들이 대규모로 전시되어 있다. 문화센터 이외에도 포트빌라의 아름다운 해변과 섬 리조트, 폭포, 호수 등 볼거리가 많다. 프렌치 쿼터는 빌라 중심의 북쪽에 자리 잡고 있으며 영국식민지 시대의 건축양식을 지닌 많은 건축물을 볼 수 있다. '홍콩의 거리'라 불리는 차이나타운은 빌라 중심의 카르노트지역에 있다. 이곳은 좋은 가격으로 맛있는 음식을 맛볼 수 있으며 쇼핑을 즐길 수 있는 곳이다.

아나브로우(Anabrou)에 있는 묘지 터는 중국인과 베트남인의 무덤이 있는 곳이며, 그 뒤편에 있는 인디펜던스 공원(Independence Park)은 1906

년에 일어난 공동통치의 선언이 이루어진 곳이다. 프랑스인과 중국인이 살고 있는 공원 주변 지역은 많은 영국식 건물들이 많아서 때론 사뭇 다른 느낌을 준다. 봄과 가을의 나른한 토요일 오후에는 영국의 전통 야구게임인 크리켓을 종종 볼 수 있다.

오늘은 산골짜기에 있는 페페요 원주민들의 마을을 방문하는 날이다. 이곳 페페요 추장은 원주민들과 함께 오지지역 산골 마을에서 열악한 자연환경에 자기 자신을 단련하고 자연에 순응하며 살아간다. 그 예로 장작불에 돌을 달구어 평평한 바닥에 펼쳐놓고 추장은 그 위를 맨발로 왕복으로 오고 가는 맹훈련을 거듭한다.

발바닥을 단련하는 추장

페페요 주민들

그리고 그는 우리 일행들에게 자기처럼 뜨거운 발바닥 훈련을 한번 해 보라고 한다. 그러나 우리 일행들은 신발을 신고는 몰라도 엄두가 나지 않아 우리 일행 모두가 "No! No!"라고 답을 보냈다. 잠시 고개를 끄덕이던 추장은 자기들의 생활 터전인 원주민 마을로 안내하기 위해 앞장섰다.

페페요 원주민 마을은 과거 우리나라 농경 사회와 비교하면 강원도 두메산골 화전민들이 논밭을 일구어 초근목피로 연명하는 것 같다. 남성들은 허리 아래 부위를 가리고, 여성들은 가슴 아래 부위를 가리며 맨발로 일상생활을 하고, 머리카락은 금색으로 곱슬머리를 하고 있다.

우리 일행들의 방문을 맞이하여 원주민들은 환영 행사로 적들이 쳐들어오는 것을 가상해서 창이나 칼을 가지고 공격과 후퇴를 거듭하며 전쟁을 방불

페페요 주민들

케 한다. 심지어 우리 일행들을 비좁은 산골짜기로 유도하여 칼이나 창으로 신체 부위에 위협을 가하는 순간은 '이러다 죽지 않을까?' 하는 두려움이 가득했다.

원주민들의 실제 같은 연극으로 우리는 놀라기도 하고 웃음이 터져나오기도 했다. 그러나 환영 행사가 막을 내리고 기념 촬영에 임할 때는 이렇게 순진한 모습을 보일 줄은 미처 몰랐다. 그리고 헤어질 때는 서로가 서로에게 등을 어루만지며 이별의 아쉬움을 남기고 원주민들과 헤어졌다.

바누아투 국립박물관은 약소하지만, 그나마 입장료가 저렴하므로 가볼 만한 곳이라고 기억된다. 주로 전시된 작품들은 원석을 다듬어서 일부분을 돌조각으로 가공해서 만들어 놓은 작품들과 동물은 주로 날 짐승(날아다니는

박물관 입구

박물관 내 작품들

새)들을 박제해서 전시해 놓은 것이 다수를 차지한다.

그리고 우리가 박물관에 전시할 작품이라고 인정하기 어려운 작품들도 가끔 보였지만, 환경이나 생활문화 차이 등으로 있을 수 있는 작품이라고 생각하며 작품 한 점 한 점을 빠짐없이 두루 살펴보았다.

이후 우리는 국회의사당으로 이동했다. 국회의사당은 정기 휴무라는 이유로 관계자 외에는 출입을 금지하고 있다. 일정에 포함되어 있어 무심코 찾아왔지만 별다른 대책이

국회의사당

포트빌라 해변(출처 : 현지 여행안내서)

없다. 그래서 근거리에서 기념 촬영으로 내부 입장을 대신하고 클렘스언덕
(Clems Hill)으로 향했다. 클렘스언덕에서 바라보는 전망은 포트빌라 시내
와 포트빌라 해변이 한데 어우러져 그림 같은 전경을 보여준다. 티 없이 맑은
하늘과 한 폭의 그림 같은 풍경을 바라보며 바누아투 일정을 마무리했다.

# 뉴칼레도니아 New Caledonia

　'영원한 봄의 섬' 또는 '천국에서 가장 가까운 섬'이라고 불리는 뉴칼레도니아(New Caledonia and Dependencies)는 남태평양 군도 중에서 파푸아뉴기니와 뉴질랜드에 이어 세 번째로 큰 섬으로 호주 동부해안에서 1,500km 떨어져 있는 섬나라이다. 지도상 뉴칼레도니아 왼쪽에 호주, 위쪽에 바누아투, 아래쪽으로는 뉴질랜드, 오른쪽에는 피지가 자리 잡고 있다.

　국가 주권상 태평양에 남아있는 몇 안 되는 프랑스령 국가라는 특징도 가지고 있다. 프랑스령 자치주이며 영어로는 뉴칼레도니아섬(New Caledonia I.)이라고 한다. 면적은

원뿔 지붕형 가옥

1만 8,576km²이며, 인구는 282,000명(2022년 기준)이다. 북서 방향으로 길게 누운 이 섬나라는 길이 400km, 너비 평균 50km이다. 지형은 두 줄기의 산맥이 장축(軸) 방향으로 나란히 뻗어 있다. 중앙부는 대체로 산이 많으나, 주위에는 넓은 대지와 해안평야가 펼쳐져 있고, 섬 전체가 산호초로 둘러싸여 있다. 최고봉은 파니에산(1,624m)이며, 산지 중에는 변성암으로 이루어진 고원이 있어 이것이 광산개발의 원천이 된다.

해안에는 양만(灣)이 많으며, 기후도 매우 온화하고 말라리아도 없어 개발하는 데 유리한 조건이 되었다.

각종 광물자원이 풍부한데, 특히 니켈과 크롬의 세계적인 산지로 유명하다. 이 밖에도 철과 망간, 코발트, 석고, 구리, 안티몬, 금, 은, 납의 매장량도 많다. 니켈은 섬의 중앙부가 주산지이며, 캐나다의 생산량이 증가하기 전에는 한때 세계 산출액을 제압하였다. 크롬은 섬의 남북 양단에서 산출되며, 니켈과 함께 이 섬의 경제를 지탱하는 지주가 된다. 철광도 60% 이상의 광석이 많다.

한편, 평지에는 농산물도 풍부하여 코프라를 비롯하여 커피와 목화, 담배, 바나나 등이 산출되고, 고지대에서는 목우와 목양이 활발하여 쇠고기 통조림과 소, 사슴의 가죽은 주요한 수출품이다. 또 산지에서는 임업이 성행하며 수력발전소도 있다. 이 섬은 1774년 제임스 쿡(J. Cook)이 발견하여 그의 고향인 스코틀랜드(칼레도니아는 스코틀랜드의 옛 이름)를 기념하여 명명하였는데, 1853년 프랑스가 강제로 이 섬을 점령하고 오스트레일리아를 본떠서 유형 식민지로 삼았다.

20세기 초까지 유배된 죄수는 약 2만 명에 달했다고 한다. 그러나 1875년 풍부한 니켈 자원이 발견된 후 정상적인 사회건설의 필요성과 탈주한 죄수가 오스트레일리아에 잠입하여 영국과 분쟁을 일으킨 일이 원인이 되어 19세기 말부터 유형 제도는 폐지되었다. 원주민은 카나카족이라고 하는 종족에 속한다. 그러나 형질적으로는 멜라네시아계와 폴리네시아계로 나눌 수 있는데 전자가 우세하다. 멜라네시아계는 오스트레일리아 원주민과 비슷한 신체적인 특징을 가지며, 강한 오스트랄로이드적인 요소를 지니고 있다. 이들은 원뿔지붕의 원형 가옥에 살면서 얌과 감자, 타로감자, 바나나, 사탕수수 등을 재배한다.

이밖에 원주민 외에도 프랑스인을 주축으로 하는 유럽인을 비롯하여 광산 노동자로 일하는 베트남인과 인도네시아인이 많이 살고 있다. 세계에서 가장 큰 산호섬으로 유명한 뉴칼레도니아는 섬 전체가 1,600km에 달하는 산호들로 둘러싸여 있으며 또한 세계 4대 생태계의 보고 중 하나로서 3,000여 종 이상의 고유한 동·식물 종을 자랑하고 있다. 그중 70%는 전 세계 어디에서도 발견되지 않는 종들이다.

원래 뉴칼레도니아는 일본 소설가 모리무라 가츠라의 연애소설《천국에서 가장 가까운 섬》(1965년)의 인기로 많은 일본인 관광객이 오래전부터 찾았던 나라인데, 한국의 경우에는 2000년대에 들어서면서 주목을 받기 시작한 나라이다.

우리나라 사람들에게는 최근 예능 프로그램인 '정글의 법칙'을 통해 일반인들에게도 이 나라가 많이 소개되었으며, 오염되지 않은 순수 자연환경에 대해서 진정으로 아름다운 장소라고 많이들 알고 있다. 실제로 예능 프로그램을 통해 이 나라에 대해서 알고자 하고, 가고자 하는 여행객들이 예전보다 많이 늘어난 것만 보아도 그것을 반증하는 것이라고 할 수 있다.

주요언어는 프랑스어, 말레이시아어 및 폴리네시아어 방언 등을 사용하고 있으며, 민족구성은 말레이시아인(44%), 유럽인(31.4%), 남태평양 원주민, 인도네시아인 등이다.

시차는 한국시각보다 2시간 빠르다. 한국이 정오(12시)이면 뉴칼레도니아는 오후 14시가 된다. 화폐는 퍼시픽프랑(CFP 또는 XPF) 또는 유로(EUR)화를 사용한다. 환율은 한화 1만 원이 뉴칼레도니아 920퍼시픽프랑으로 통용된다. 전압은 220V/50Hz를 사용한다. 종교는 가톨릭(70%), 기독교(16%), 회교(10%) 순이다.

누메아(Noumea)는 뉴칼레도니아의 수도로서 섬의 최남단에 자리 잡고 있다. 이곳은 낮은 구릉지와 깊은 물의 항구 사이에 샌드위치처럼 끼어있는 도시이다. 1854년에 발견된 이곳은 프랑스 언어와 문화의 잔류가 남아있다. 누메아의 주요산업은 니켈광산과 관광업이다. 누메아는 '태평양의 파리'로 일컬어질 만큼 복합문화의 분위기가 전반적이다. 깨끗하고 깔끔한 레스토랑, 세련된 부티크숍을 보면 프랑스의 분위기가 한껏 묻어난다. 앙스바타 해변(Anse Vata Beach)과 바이 데스 시트론(Baie des Citron)은 누메아에서 남태평양으로 들어가는 담배 모양의 반도이다.

누메아는 뉴칼레도니아의 남서쪽 부근 항구에 자리 잡고 있는데, 이곳은 주요 항구, 행정 및 경제의 중심지이다. 관광업과 광산업은 누메아 경제의 중

누메아 시내 관광열차

심 역할을 하고 있으며 1980년 폭동 이후로 누메아는 불균형적이고 무분별한 니켈 붐을 일으키면서 새로운 경제발전을 일으켰다. 누메아 남쪽의 그림 같은 해변인 앙스바타에서부터 북쪽의 코우티우 수목림까지는 15km가 넘는다. 이곳은 요트와 낚시, 크루즈 등을 즐길 수 있는 아름다운 항구가 있으며, 맨 처음 식민지 정착이 된 서쪽 편의 누빌(Nouville)은 지금의 니켈광산과 연결되어 있다. 인구 절반 이상이 이곳에 살고 있다.

누메아는 흔히 '태평양의 작은 니스'라 불린다. 깔끔하게 정비된 거리와 근대적인 건물들을 보면 마치 지중해의 어느 도시에 온 것 같다. 모리무라 가츠라의 소설《천국에 가장 가까운 섬》의 배경으로 등장해 명성을 얻기도 했다. 항구에는 수많은 요트가 줄지어 있다. 길게 뻗은 해변에서 일광욕을 즐기기

누메아 항구

나 산책을 하는 사람들의 모습으로 느긋한 여유가 느껴진다.

보트로 40여 분 거리에 있는 하얀 등대섬 아메데도 빼놓을 수 없는 관광명소이다. 아름다운 나폴레옹 등대가 있는 섬 아메데 등대섬은 누메아에서 서쪽 바다로 20km 떨어져 있는 섬으로 자연 생태계의 보고다. 3,000여 종 이상의 동·식물, 고래, 돌고래, 바다거북, 상어들로 어우러진 황홀한 바닷속 생태계를 보여줌으로써 스킨 스쿠버 다이버들에게 인기가 좋다. 일반 관광객들은 씨워크(Sea-Walk)를 하거나 바텀 글라스(Bottom Glass)를 타고 경이로운 바다 풍경을 즐길 수 있다. 또한 아메데 등대(나폴레옹 등대) 위에 오르면 끝없이 펼쳐지는 오색 바다 라군(Lagoon)을 감상할 수 있다.

뉴칼레도니아 일데팡(Ile Des Pins)은 남태평양의 무수한 섬나라 중 하나

접근하기에 부담스러운 아름다운 섬(출처 : 현지 여행안내서)

이다. 위치상으로는 호주의 오른쪽, 뉴질랜드의 북쪽이다. 세 나라를 직선으로 연결하면 삼각형 도형이 나온다.

그리고 호주의 그레이트 배리어 리프(Great Barrier Reef, 대보초)와 가까운 산호 군도이다. 해안선을 끼고 발달한 산호초의 길이가 1,600km, 면적으로는 2만 4,000km²이다. 세계 최대 규모이

스킨스쿠버 다이버(출처 : 현지 여행안내서)

다. ‘그랑테르’라고 불리는 본섬과 일데팡, 우베아(Ouvea), 마레(Mare), 리푸(Lifou) 등 4개의 유인도를 모두 합쳐도 산호의 면적에 못 미친다.

산호섬은 바다의 깊이와 산호의 부서진 정도에 따라 각기 다른 색깔을 만들어낸다. 하얀색과 초록, 파랑, 감청, 검정 등 푸른색 계통의 색채가 묘한 조화를 이룬다. 대비되는 색은 인간이 빚어낸 것이 아니다. 신의 창조물이다. 그래서 더욱 신비롭고 경이롭다.

일데팡은 ‘소나무의 섬’이란 뜻이다. 뉴칼레도니아의 수도 누메아에서 남동쪽으로 80km가량 떨어져 있다. 남북 18km, 동서 14km의 조그만 섬이지만 이곳에 대한 찬사는 끝이 없다. 일본 소설가 모리무라 카츠라는 이곳을 “천국에서 가장 가까운 섬”이라고 했다. ‘남태평양의 보석’이라는 애칭도 가졌다.

일데팡 천연풀장

우리 일행은 누메아 국내선 공항인 마젠타 공항에 도착, 경비행기에 몸을 실었다. 운이 좋았나 보다. 한국에서 온 여행자라며 조종석을 구경하고 싶다고 했더니 조종사가 흔쾌히 합석을 허락했다. 객실에서는 한 곳에 앉으면 반대편 경치는 포기해야 하지만 조종석에서는 사방이 시원하게 내려다보인다. 두 배의 감동을 맛볼 수 있는 명당이다.

하늘에서 내려다본 뉴칼레도니아의 첫인상은 몰디브와 흡사했다. 무수한 무인도를 감싼 산호초가 바다 곳곳에 널려있다.

몰디브가 해발 1~2m 남짓한 육지의 연속이라면, 뉴칼레도니아는 보다 더 역동적이다. 황토로 뒤덮인 듯한 산이 나오는가 싶더니, 물속에 잠긴 산호 띠에 부딪혀 포말로 부서지는 흰 파도가 나타난다. 가까이서 본 일데팡의 모습은 지금껏 상상해 온 열대 지방의 전형적인 모습은 깨져야 했다.

해변을 따라 늘어선 나무는 야자수가 아니라 소나무이다. 우리가 흔히 보던 소나무가 아니다. 폭이 좁고 위로는 하늘을 찌른다. 높이가 40~50m나 된다. '아라우카리아 소나무(Araucaria Pine)'라고 불린다. 공룡이 살았던 시대부터 존재한 것들이라고 한다. 거대한 화살촉 같기도 하고, 지대공 미사일 기지를 연상케 하기도 한다. 산호색 바다와 침엽수림과의 만남, 지구상에서 오직 일데팡에서만 볼 수 있는 풍광이다.

본격적인 섬 구경에 나섰다. 공항에서 서쪽 도로를 따라 달리면 쿠토(Kuto) 비치와 만난다. 길이 4km의 백사장이 일품이다. 일데팡은 모래질이 가장 좋다. 밀가루나 파우더라는 표현이 진부하기만 하다. 쿠토 비치와 인접한 카누메라(Kanumera) 비치는 해변에 우뚝 솟은 바윗덩어리가 은밀한 분

바닷속을 비행하는 가오리(출처 : 현지 여행안내서)

위기를 유도한다. 연인들의 데이트 장소로 인기 있을 수밖에 없다. 하지만 바위 위로 올라가는 것은 철저히 금지된다. 원주민들의 성소인 까닭이다.

신비의 섬 일데팡 여행의 하이라이트는 오로(Oro) 비치이다. 동북쪽 해변의 자그만 바위섬에 둘러싸여서 자연스럽게 형성된 천연 풀장이다. 아무리 거센 파도가 쳐도 늘 잔잔하다.

천연 풀장 안에서 자라고 있는 산호 덩어리를 따라 형형색색의 열대어들은 보금자리를 튼다. 물 밖에서도 물고기 떼가 훤히 보인다. 초대형 야외 풀장과 수족관이 만나 이루는 풍경이 현란하다. 일데팡 최고의 스노클링 포인트이다. 물론 배경은 소나무이다.

원주민이 남겨둔 삶의 흔적을 접할 수도 있다. 섬의 주인공들은 멜라네시안의 후손, 특별히 '카낙(Kanak)'이라고 한다. 2,000명 남짓 모여 사는 그들을 위해 초등학교와 대학이 있다. 학생 수가 600명이 넘는다. 마을 중앙에 우뚝 솟은 가톨릭교회가 인상적이다. 19세기 뉴칼레도니아의 성공회 신부 2명이 이곳을 통해 들어와 선교 활동을 시작했다. 그들을 기리는 동상이 섬 동남쪽 바오지역에 서 있다. 관

각양각색의 열대어 보금자리(출처 : 현지 여행안내서)

광지로 개발이 안 된 탓에 마을 주민들의 생업 현장은 바다와 땅이다. 땅에서는 얌과 감자, 사탕수수가 재배되고, 1,800종이 넘는 어패류가 잡힌다. 문명

열대어 보금자리(출처 : 현지 여행안내서)

형형색색의 열대어 보금자리(출처 : 현지 여행안내서)

에 물들지 않은 자연 그대로를 즐기는 삶. '진정한 천국은 멀리 있지 않다.'는 평범한 진리가 새삼스럽다.

# 동티모르 East Timor

적도 아래 남태평양의 외로운 섬나라 동티모르(East Timor)는 인도네시아와 호주 사이에 있는 티모르섬의 동쪽 지역에 위치한 국가이다. 공식명칭은 동티모르민주공화국(Democratic Republic of Timor-Leste)이며, 2002년 5월 20일 독립과 동시에 이스트티모르(East Timor)에서 포르투갈어 표기인 티모르레스테(Timor-Leste)로 공식 변경되었으나, 국제적으로는 'East Timor'로도 통용된다. 티모르(Timor)는 인도네시아, 말레이어에서 동쪽이라는 의미로 쓰이는 '티무르(timur)'에서 유래하였다.

인도네시아 자카르타에서 동쪽으로 2,200km, 발리(Bali)섬에서 동남쪽으로 1,200km, 호주 북부 다윈(Darwin)에서 북서 방향으로 700km 지점에 위치한 티모르섬의 동부에 위치한다. 면적은 1만 5,007km²로 한국의 강원도 만한 크기이다. 총인구는 2021년 기준으로 135만 명이며, 수도 딜리(Dili)의 인구는 2021년 기준으로 30만 명이다. 국토 대부분이 열대 밀림 산악지대이다.

티모르는 포르투갈의 옛 식민지이다. 1974년 4월 25일 포르투갈의 본토가 군사 쿠데타(카네이션 혁명)의 혼란을 겪은 이후, 대부분의 포르투갈 식민지들이 독립하였다. 그러나 티모르의 포르투갈인은 아무런 티모르인의 자립기반을 준비하지 않고 철수해버렸다. 이 힘의 공백 상황을 이용하여 인도네시아는 1975년 티모르를 무력으로 점령하고, 1976년 인도네시아의 27번째 주로 병합하였다. 그러다가 2002년 인도네시아에서 분리되어 완전히 독립했다.

인류의 진보와 문명화가 확실시되던 20세기 후반에 이루어진 끔찍하고도 잔인한 인종끼리의 살육사가 역사가 되어버린 동티모르는 400년간의 포르투갈의 강점에 의한 노예 생활에 연이어 찾아온 25년간의 인도네시아 식민 시절에 전 인구의 30%가 학살되고 게릴라와 민병대에 의해 도시의 95%가 파괴된 반인륜 범죄와 대량학살의 처절한 기억을 지닌 나라이다. 20세기 아시아 최후의 식민국가를 마감하고 21년 전 UN 감시하에 독립국 깃발을 올린 동티모르는 한국과는 시차도 없을 만큼 같은 경도상에 있는 지구 반대쪽 남반구 남태평양상에 떠 있는 외로운 고도이다.

우리나라는 UN 평화유지군의 일원으로 상록수 부대를 수년 전에 파병했었고, 동티모르 유소년축구단의 감동적인 국제무대 데뷔 실화를 다룬 영화 '맨발의 꿈'의 무대 정도로 알려져 있다.

국토 면적은 15,007km²이며, 인구는 약 135만 명(2022년기준)이다.

주요민족은 오스트레일리아인, 파푸아인, 소수의 중국인 순이다.

공용어는 테툼어와 포르투갈어를 사용하며, 종교는 로마가톨릭(93%), 이슬람(4%) 등이다. 시차는 한국시각과 동일하며, 전압은 200V/50Hz 사용하고, 화폐는 미국 달러를 사용하고 있다.

수도 딜리는 천연의 양항으로 네덜란드에 앞서 동인도제도에 진출한 포르투갈인의 기지로서 1769년에 건설되었으며 유럽풍의 아름다운 도시경관을 이루고 있다. 여름에는 비교적 서늘하다. 하지만 건기가 긴 기후적인 특징을 이용하여 카카오와 커피, 목화, 코프라 등 플랜테이션 작물을 재배하며 이들 산물을 집산 수출한다. 그 밖에도 비누와 향료, 도기, 면직물, 커피 등의 제조, 가공도 성행한다.

딜리(테툼어; Dili, 포르투갈어; Dili)는 티모르섬 북동부에 위치하는 동티모르의 수도이자 동티모르 최대의 도시이다. 수도 딜리 인구는 약 30만 명으로 1520년에 포르투갈의 식민지로 건설되었다. 이곳은 소순다 열도의 가장 동쪽, 티모르섬의 북쪽 해안에 위치한다. 딜리는 동티모르의 주요한 항구이자 상업의 중심이다. 또한 이전에 코모로 국제공항이 있었다. 그러다가 후에 독립 지도자 니콜라우 로바토(Nicolau dos Reis Lobato) 이름으로 개명한 코모로의 프레지던트 니콜라우 로바토 국제공항이 있는데 공항은 상업과 군사용으로 이용 중이다.

딜리는 1520년에 포르투갈인이 정착했으며, 1769년에 그들은 이곳을 포르투갈령 티모르의 수도로 만들었다.

제2차 세계대전 동안 딜리는 일본인들에 의해 점령되었다. 동티모르는 1975년 11월 28일 포르투갈로부터 일방적으로 독립 선언을 하였지만, 독립을 선언한 지 9일이 지난 12월 7일 인도네시아의 군대가 딜리를 침략하였다. 1976년 7월 17일에 인도네시아는 동티모르를 합병했으며, 수도를 딜리로

산타크루즈 공동묘지

하고 동티모르를 위한 티모르 티무르(Timor Timur)라는 인도네시아어 이름
과 함께 인도네시아의 27번째 주로 지명했다.

　그러나 게릴라전으로 몇몇 동티모르 주민과 상당한 외국인 시민들이 죽임
을 당했다. 1975년부터 1999년까지 인도네시아인과 독립군 사이에서 독립
을 외치다 대학생 세비앙 고메스(Sebastião Gomes)를 비롯해 시민 271명
의 사망 사건이 일어나 1991년 딜리 학살의 미디어 보도는 동티모르인의 독
립운동을 위한 국제적인 지지를 활성화시키는 데 도움을 주었다. 1999년 동
티모르는 국제연합의 지도 아래 들어가게 되었으며, 2002년 5월 20일 딜리
는 새롭게 독립한 티모르−레스테민주공화국의 수도가 되었다. 2006년 5월
에 싸움과 폭동은 도시에 상당한 피해를 일으킨 군사들 사이에 전투의 발단

이 되었으며 체제를 회복하기 위한 외국의 군사 중재를 이끌었다.

많은 건물이 1999년 인도네시아 민병대와 인도네시아 군인들로 조직된 단체들의 폭동으로 인해서 손상되고 부서져 있다. 그렇지만 도시에는 여전히 포르투갈식의 많은 건물이 있다.

포르투갈 정부 건물은 현재 수상이 쓰고 있다. 이들은 포르투갈어를 금지하고 있으나, 여전히 포르투갈 이름은 바뀌지 않고 남아있다. 딜리

대학생 세비앙 고메스의 묘

의 동쪽 해변에는 1976년 동티모르가 인도네시아의 27번째 주로 지정된 것을 기념하여 세운 높이 27m의 대형 예수상(Cristo Rei)이 자리하고 있다. 예수상까지 가는 길은 아름다운 해변을 끼고 있어 조깅 코스로도 이용된다. 딜리 서쪽 외곽의 타시 톨루(Tasi Tolu) 해변 동산에는 1989년 10월 12일 동티모르를 방문한 요한 바오로 2세(Johannes Paulus II) 교황을 기념하여 2008년 6월 건립된 요한 바오로 2세 동상이 있다.

동티모르 여행은 기반시설 및 편의 시설이 많지 않아 화려하고 안락한 여행을 기대할 수 없다. 하지만 대신 척박하나 높고 험준한 산, 깊고 깨끗히

산봉우리 예수상

며 코발트색을 띠는 푸른 바다, 오염이 전혀 없는 시원한 바닷바람이 색다른 여행의 맛을 선사한다. 현지인들의 생활은 열악하기 그지없지만 그윽한 향기를 간직한 동티모르 커피를 기대하는 것도 여행에서 느낄 수 있는 작은 재미이다.

그리고 동티모르는 지금까지 나 홀로 여행한 국가 중 한 나라가 더 추가되는 국가이다.

2015년 4월 14일 12일간의 인도네시아 여행을 마치고 동행한 일행들은 모두가 귀국했다. 필자 혼자 인솔자인 통역을 대동하고 09시 25분 QG 7300편을 이용하여 인도네시아 덴파사르 국제공항을 출발했다. 그리고 12시 20분 동티모르 수도 딜리 공항에 도착하여 동티모르에 첫발을 내디딜 수

딜리교회

있었다.

딜리교회는 이 나라의 대표적인 교회이다. 그러나 교회를 방문했지만 굳게 닫힌 철 대문만이 필자를 기다리고 있다. 굳이 방문해야 할 필요성을 느끼지 못해 기념 촬영으로 만족하고 동티모르 정부청사로 이동했다.

정부청사 역시 일반인에게 공개하지 않고 있다. 정부청사를 바라보는 하늘에는 흰 구름이 떠다니고, 도로에는 차량과 인적이 드물고, 고요하며 한적하기만 하다. 정부청사 역시 중앙 건축물을 배경으로 기념 촬영을 해서 방문 절차를 대신했다.

수도 딜리의 재래시장을 우리나라와 비교하면 시골 면 단위에서 닷새 만에 한 번씩 열리는 오일장과 비슷하다. 시장 중앙에는 비가 오면 빗물을 피할 수

정부종합청사

있는 기둥과 천장만으로 이루어진 순수한 재래시장 모습이다. 그러나 상인과 고객들 간에 물건을 사고팔며 북적대는 모습은 지구촌 여느 시장과 다름이 없다.

시장 가장자리 도로상에는 파라솔을 비치하거나 하늘을 지붕 삼아 바구니에 과일, 채소 등을 담아놓고 손님을 기다리는 모습은 지구촌 어디서나 마찬가지이다. 이는 한두 번 보는 것이 아니고 선진국에서도 흔하게 볼 수 있는 풍경이다.

그리고 얼마 지나지 않아 자동차가 다니는 대로변 인도에서 생전 처음 보는 진풍경을 발견했다. 다름 아닌 홍두깨같이 굵은 대나무를 잘라 양어깨에 걸치고 양편에 과일이나 과자봉지를 매달아 물건을 팔러 다니는 행상을 보

전통 재래시장

행상하는 잡화 상인

앗다.

다가가서 기념 촬영을 요구하니 흔쾌히 촬영에 협조해준다. 그리고 뒤돌아 가는 길에 또다시 행상을 발견했다. 방법은 같지만, 상품은 다름 아닌 살아 있는 돼지 두 마리이다. 카메라를 들이대는 순간 성질을 부리며 촬영을 거부한다. 그래서 멀찌감치 뒤로 떨어져서 도둑 촬영(?)을 하기로 했다. 백여 미터를 추적

행상하는 돼지 상인

저항의 박물관

한 결과 주인공도 모르게 영상을 확보해서 책에 실을 수 있어 다행으로 생각한다.

마지막으로 저항의 박물관을 방문했지만, 현지 가이드를 초빙하지 않아 위치와 크기 그리고 개요를 기록할 수가 없어 기념 촬영만으로 일정을 마무리하고 공항으로 향했다.

# 파푸아뉴기니 Papua New Guinea

파푸아뉴기니(Papua New Guinea)의 정식명칭은 파푸아뉴기니독립국(Independent State of Papua New Guinea)이다. 태평양 서남부 뉴기니섬의 동부 절반을 차지하고 있는 이 나라는 주변의 여러 도서로 구성되어 있다.

동쪽으로 솔로몬제도, 서쪽으로 인도네시아, 북서쪽으로 필리핀, 남쪽으로는 토러스 해협을 사이에 두고 오스트레일리아와 마주한다.

말레이어로 '짧은 머리털'을 뜻하는 파푸아는 1526~1527년 뉴기니 해안을 항해한 포르투갈인 메네세(J. Meneses)가 뉴기니섬 남해안에 붙인 이름이다. 파푸아뉴기니는 길들여지지 않은 자연을 간직한 남태평양 서쪽 끝 뉴기니섬 동반부에 걸쳐 있는 도서국이다.

1660년 네덜란드가 뉴기니섬의 영유권을 최초로 주장하였다. 1885년 뉴기니섬 동부의 북쪽은 독일이, 남쪽은 영국이 각각 분리 점령하였고, 이후 오스트레일리아의 통치를 거쳐 1975년 독립하였다.

뉴기니섬 서반부는 인도네시아의 이리안자야주이다. 늪지와 석회암 지대,

갯벌과 이끼가 무성한 숲, 고원지대의 냉랭함, 화려한 깃털과 진주장식을 한 사람들과 원시적인 모습의 고산지대 사람 등 다양한 모습이 녹아 있는 곳이다. 같은 부족끼리는 단결력이 강한 반면, 다른 부족에 대해서는 배타적인 경향이 짙다. 산지 주민은 미개하며 체격도 빈약하고 마을마다 다른 언어와 특이한 풍습을 보존하고 있다. 인구의 약 70%가 기독교와 가톨릭을 신봉하고 있다.

파푸아뉴기니는 1975년 10월 10일 유엔에 가입하였으며 영국과 호주와 긴밀한 관계를 유지하고 있다.

동쪽은 솔로몬제도, 서쪽은 인도네시아, 북서쪽은 필리핀, 남쪽은 토러스 해협을 사이에 두고 호주와 160km 떨어져 있다. 중앙부에는 센트럴산맥과 비스마르크산맥이 동서로 뻗어 있으며 남동부에 오언스탠리산맥이 동부해안까지 이어지고 있다.

최고봉인 빌헬름산(4,694m)을 중심으로 발달한 고원과 분지는 기온이 서늘하므로 전체인구의 약 40%가 살고 있다.

인구의 대부분은 멜라네시아계의 파푸아족으로 키가 작고 머리가 길며 고수머리를 하고 있다. 영어가 공용어이나 약 800여 개에 달하는 부족어가 사용되고 있다.

국토의 80%가 열대우림으로 연중 고온다습하며 파푸아만 일대는 연평균 강우량 5,000mm를 기록하는 다우지대이다.

면적은 462,840km²이며, 인구는 약 929만 2,000명(2022년 기준)이다.

주요민족은 네그리토인, 파푸아인, 멜라네시아인 순이다.

진주조개로 장식한 사람 / 화려한 깃털로 장식한 사람(출처 : 현지 여행안내서)

공용어는 피지어와 영어를 사용하며, 종교는 그리스도교(70%), 가톨릭(22%), 기타 토속신앙 등을 믿는다. 시차는 한국시각보다 1시간 빠르다. 한국이 정오(12시)이면 파푸아뉴기니는 오후 13시가 된다.

화폐는 파푸아뉴기니카나를 사용하며, 환율은 한화 1만 원이 파푸아뉴기니 30카나 정도로 통용된다. 전압은 240V/50Hz를 사용하고 있다.


수도 포트모르즈비(Port Moresby)는 뉴기니섬 남동 해안 파푸아만 연안에 위치하는 항구도시이다. 오스트레일리아 요크반도 북쪽 끝에서 약 560km 떨어져 있으며, 앞쪽에는 산호초가, 주위는 구릉이 둘러싸고 있다.

고산지대 사람들(출처 : 현지 여행안내서)

1873년 J. 모르즈비가 자기의 이름을 붙여 개척의 기지로 삼았으며, 1884년에는 파푸아를 통치하기 위한 오스트레일리아의 정청이 설치되었다.

기온이 높으나 연 강우량이 1,000mm로 적어 거주지로서 적당하다.

제2차 세계대전 후 정치·경제적 발전이 현저하며 염료와 건재, 양조, 담배 등의 공업이 활발하다. 시드니를 비롯한 오스트레일리아와 해상교통이 활발하며 국제공항과 파푸아뉴기니대학이 있다.

수도인 포트모르즈비는 파푸아뉴기니 남부 천혜의 항구를 끼고 발달한 해안 도시이지만, 일 년 중 몇 달을 제외하고는 대부분 건조하고 팍팍한 건기라서 여행객에게 그다지 좋은 인상을 남기지 못하고 있다. 포트모르즈비가 활기를 띠기 시작하는 시기는 우기가 되어 누런 산봉우리가 파랗게 채색될 때

고산지대 원주민들(출처 : 현지 여행안내서)

고산지대 원시적인 사람들(출처 : 현지 여행안내서)

고산지대 원시적인 어린이들(출처 : 현지 여행안내서)

수도 포트모르즈비 시내 전경

이다.

이 도시는 파푸아뉴기니의 수도 역할을 수행하면서 외국의 커다란 도시들과 마찬가지로 '대도시'로서의 성장 신드롬을 겪고 있다. 많은 사람이 자신이 속해 있는 부족을 떠나 꿈을 안고 포트모르즈비로 몰려들지만, 이들에게 일자리를 제공해 줄 만한 건실한 기업들이 부족하여 대부분 도시 외곽슬럼가로 몰려들 수밖에 없다. 이처럼 슬럼가에 살고 있는 사람들이 포트모르즈비의 범죄율을 높이는 데 일조하고 있다. 이 때문에 모르즈비에 있는 주택 대부분은 높은 담장과 철조망으로 중무장하고 경비원과 경비견을 갖추게 되었다.

파푸아뉴기니의 국회의사당은 건물 자체부터 독특한 구조와 다양한 건축양식으로 지어진 건축물이다. 특히 현관 정면에서 가장 먼저 눈에 띄는 것은

국회의사당

삼각형 건축물을 이용해서 제작된 벽화 부분이다. 벽화는 이곳 세픽(Sepik) 주의 한 지역에서 전해져오는 정령의 집을 형상화해서 만들어진 작품이라고 한다. 벽화에는 다양한 동·식물들을 조각과 그림으로 조합해서 배색 처리한 것이 화려하지만, 사치성을 찾아볼 수 없어 벽화제작에 전문가의 손길이 매우 많이 담긴 것으로 여겨진다.

다행히 필자의 방문 시간은 내부 입장이 가능한 시간 때였다. 그래서 이 나라 정치문화에 대해서 조금이나마 확인하고 이해하는 데 많은 도움이 되었다.

파푸아뉴기니는 국립박물관과 군사박물관, 역사박물관, 세계화폐박물관 등으로 다양하게 분리되어 있다고 한다. 필자가 방문한 국립박물관은 하필이

파푸아뉴기니 국립박물관

국립박물관 정원

면 '가는 날이 장날'이라 휴관이다. 그래서 정면을 향해 기념 촬영을 하고 정원으로 이동했다. 정원에는 세월이 흘러 고철로 변한 경비행기만이 말없이 필자를 반기고 있다. 그러나 박물관 내부를 관람하지 못하고 돌아서는 발걸음은 쓸쓸하기만 했다. 그리고 파푸아뉴기니는 지역마다 건축양식이 각자 특성을 보인다.

　다음 여행지로 이동하는 과정에 산골 마을 원주민 주택 양식이 발길을 멈추게 한다. 집주인에게 "왜 이와 같은 구조로 집을 짓습니까?"라고 질문을 하니 "열악한 주택 시설로 장마가 지면 침수에 걱정이 없고 야간에 맹수들의 침입을 안전하게 막을 수 있다."고 한다. 그리고 1층에는 각종 생활 도구를 보관할 수 있어 저렴한 비용으로 건축할 수 있는 최고의 기능성 주택이

나무 위의 주택(출처 : 파푸아뉴기니 엽서)

산골마을 원주민 주택(출처 : 현지 여행안내서)

라고 한다.

필자가 소지하고 있는 파푸아뉴기니 엽서에 있는 나무 위의 주택 사진을 보여주니 지금도 산골 마을 오지에는 간혹 볼 수 있는 풍경이라고 한다. 그래서 "당신의 주택은 나무 위의 주택을 개량한 주택이지요?"라고 하자 손으로 입을 가리고 웃음을 참지 못한다.

그리고 오늘은 길고도 짧은 여행 18일간의 여행을 마무리하고 밤 비행기로 귀국하는 날이다. 오랜만에 오늘따라 무척이나 한국 음식이 그립고 먹고 싶다.

머나먼 이국땅 오지를 혼자서 여행하게 되면 스스로 집 생각이 나서 그리워질 때가 가끔 있다. 그래서 향수를 달래기 위해 수소문 끝에 한국식당을 찾

한국식당과 태국식당

식당주인과 종업원들

아갔다. 반갑게 맞이하는 한국식당은 태국식당과 간판을 나란히 하고 있다. 아마도 한국인의 파푸아뉴기니 여행자가 극소수이므로 영업적인 면을 고려해서 양국 음식으로 고객을 유치하는 것으로 보인다. 식당 주인의 안내로 메뉴를 얼큰한 설렁탕으로 주문했다. 얼마나 맛이 있는지, 코로 들어가는지 입으로 들어가는지를 분간할 수가 없다.

  마지막으로 식당 주인과 작별 인사를 나누고 귀국하기 위해 택시에 배낭과 몸과 마음마저 싣고 공항으로 향했다.

Part 3.

# 미크로네시아

Micronesia

# 팔라우 <sup>Palau</sup>

팔라우공화국(팔라우어; Beluu er a Belau, 벨루 에르 아 벨라우 / 영어; Republic of Palau, 리퍼블릭 오브 팔라우)은 태평양 서부의 연방 국가로서, 필리핀의 남동쪽, 인도네시아령 서뉴기니의 북쪽에 인접한 섬나라이다. 2006년 코로르 (Koror)에서 응게룰무드(Ngerul-mud)로 수도를 옮겼다. 공용어는 팔라우어와 영어이다.

(출처 : 현지 여행안내서)

16세기 중엽부터 필리핀과 함께 스페인의 식민지가 되었고, 1899년에 독일이 이 지역을 마리아나제도, 캐롤라인제도와 함께 스페인으로부터 매입하였다.

코프라를 생산하고 앙가우르섬(Angaur Island)에서 인산염이 채굴되었다

(1955년에 고갈). 제1차 세계대전 후 1919년 베르사유조약에 따라 위 두 제도 및 마샬제도와 함께 일본 제국의 위임통치령(국제 연맹이 통치를 위탁한 지역)인 남양 군도가 되었다. 1922년에 코로르에 일본 제국의 통치 기관인 남양청(일본어 : 난요초[*])이 설치되었다. 남양청은 행정 및 사법 업무를 관할하였고, 산업 개발 및 교육(특히 일본어 교육) 사업을 수행했다.

1944년 5월 남양청(남양 군노를 총괄하는 일제 행징기관)에 의해 남태평양 팔라우섬으로 강제 동원됐던 한인 노무자 334명 가운데 151명이 현지에서 사망해 사망률이 45.12%에 달하는 것으로 나타났다. 이곳은 태평양 전쟁 당시 일본 해군의 주요기지로 있다가 1944년에 펠렐리우 전투로 미군이 점령하였다.

제2차 세계대전 종전 후, 샌프란시스코 강화조약에 따라 이 지역은 미국의 신탁통치령이 되었다. 그러다가 1981년에 자치령이 되었고, 1982년 미국과의 자유연합협정체결로 미군 기지가 들어서는 대신 미국으로부터 경제원조를 받아 왔다. 1994년 10월 1일 공화국으로 완전히 독립하여 그해 12월 유엔에 가입하였다.

공용어는 팔라우어(국어)와 영어이며, 2개 주를 제외한 모든 주에서 공용어로 사용된다. 앙가우르주에서는 일본어가 공용어로 지정되어 있지만, 형식적일 뿐이다. 타갈로그어(필리핀어)가 공용어는 아니지만 네 번째로 많이 사용되는 언어이다. 인구의 70% 정도는 팔라우인이며 그 밖에 필리핀인이 많

---

* なんようちょう

이 산다. 국민 대다수는 팔라우어를 쓰지만, 영어도 많이 쓰인다. 대부분 주민은 주로 팔라우제도의 바벨투아프섬(Babelthuap I.), 펠렐리우섬(Peleliu I.), 앙가우르섬(Angaur I.), 카양겔(Kayangel)제도, 손소랄(Sonsoral)제도, 토비섬(Tobi I.) 등에 거주한다.

코로르는 팔라우공화국의 상업 중심지로 코로르주의 주도이다. 2022년 기준으로 인구는 약 14,000명으로 나라 전체의 70%를 차지한다. 이곳은 2006년 10월 7일 응게룰무드로 이전될 때까지 팔라우의 수도였다. 관광업이 이 지역의 가장 주요한 산업이다. 국제공항이 있는 아이라이(Airai)주와는 다리로 연결되어 있다.

응게룰무드는 팔라우의 사실상의 최종적인 공식 수도이자 팔라우의 정식 수도이다. 바벨투아프섬에 위치하며 행정 구역상으로는 멜레케오크(Melekeok)주에 속한다. 팔라우의 옛 수도였던 코로르로부터 약 20km, 멜레케오크에서 북서쪽으로 약 2km 정도 떨어진 곳에 위치하고 있다

1981년에 시행한 팔라우공화국 헌법에 따르면 "코로르를 임시 수도로 하며 (헌법 발효일로부터) 10년 이내에 바벨투아프섬을 팔라우의 항구적인 수도로 지정한다."라고 명기되어 있었지만, 계획은 진행되지 않고 방치되어 있었다.

1999년 구니오 나카무라 전 팔라우 대통령이 천도 계획을 입안했고 중화민국 정부로부터 제공받은 차관을 이용해 의회 등의 건물이 건설되었다. 그리하여 팔라우 헌법 발효일로부터 25년이 지난 2006년 10월 1일 팔라우공화국 독립기념일에 맞춰 코로르로부터 수도를 이전했다. 해안의 취락으로부

터 조금 멀어진 언덕 위에 의회(OEK), 행정, 사법 분야의 최고 기관과 대통령궁 등이 자리 잡고 있다.

국토면적은 459km²이며, 인구는 약 2만 명(2022년 기준)이다.

주요 민족구성을 보면 인구의 70% 정도는 팔라우인이고, 그 외는 필리핀인들이다. 종교는 기독교인들이 전체 인구의 65% 정도를 차지하고 그밖에 토속 종교인들이다. 시차는 대한민국 시각과 동일하다. 화폐는 미국 US 달러를 사용하며, 전압은 100V/60Hz 사용하고 있다.

스톤 모노리스(Stone Monoliths)는 팔라우에서 유일한 유적지이다. 39개의 돌은 입식으로 세워진 것도 있지만, 비스듬히 누워있는 것도 있다. 위치와는 관계가 없이 크고 작은 돌들이 여기저기에 산재해 있다. 이곳은 바벨투아

스톤 모노리스

프섬 북쪽 지역에 자리 잡고 있으며 팔라우 정부청사에서 약 32km 정도 떨어져 있다. 현지 가이드의 설명에 의하면 이곳은 주거지역이거나 혹은 종교의식을 거행하는 장소로 추정된다고 하며 그 이상은 밝혀진 바가 없다고 한다. 평일에는 09:00~17:00시까지 입장이 가능하며, 입장료는 US 달러 5달러를 지불해야 한다.

　팔라우 국민에게는 귀중하고 소중한 유적지이지만, 외국인 여행자들에게는 유명한 관광 유적지라고 인정하기에 어려운 곳이다. 그러나 이곳은 태평양 조그마한 섬나라 팔라우의 고적 답사를 위해 가이드가 제일 먼저 안내한 곳이며 일정에 포함되어 있었기 때문에 그나마 여기저기에 산재해 있는 각종 석물(돌)을 손으로 어루만지며 이 돌은 무슨 용도로 사용하던 물건인지 마음속으로 추정하면서 기념 촬영으로 그 석 답사를 마무리했다.

　팔라우 정부청사는 입법과 사법, 행정 등의 주요기관이 모두 한데 모여 정부 요직을 관장하고 있다.

　1994년까지 미국의 통치하에 존속한 팔라우이지만, 이곳은 해방과 더불어 독립을 하면서 지역 특성에 맞게 건설한 정부청사이다. 정부청사 건설은 자국에서 자력으로 건설

정부청사

정부청사

한 것이 아니다. 더구나 가까운 이웃 필리핀도 아닌 대만 정부에서 지어준 청
사라고 한다.

그리고 팔라우 수도 응게룰무드에 위치한 정부청사는 입구부터 수위나 경
비 등은 아예 찾아볼 수 없으며 치안을 담당하는 경찰관들도 눈에 띄지 않는
다. 세계적으로 유일하게 자국민과 외국인들이 자유자재로 출입이 가능한 개
방형 정부청사이다.

주차장에는 정부청사 직원들이 타고 다니는 승용차들이 빼곡히 질서정연
하게 주차해 있지만, 청사 외부에는 가끔 각종 문서를 전달하는 직원 한두 명
이 오고 갈 뿐 모두가 외지에서 방문한 여행자나 관광객들뿐이다. 그리고 관
광객이 구경을 하다가 허리와 팔다리가 불편하면 쉬어 갈 수 있는 쉼터도 마

련되어 있다.

　사방이 탁 트인 언덕 위에 자리 잡고 있는 정부청사는 내부 입장은 불가하지만, 외부는 눈과 발이 있으면 어디라도 구경할 수 있다. 팔라우에서 제일 멋지고 우아한 건축물들이 어우러져 있는 관계로 각처에서 관광객들이 많이 몰려오고 있다.

　밀키웨이(Milky Way)는 사방이 바위섬으로 둘러싸인 채 옥빛으로 가득한 바다를 간직하고 있다. 수심 1~4m 아래에는 화산 활동으로 인해 바다 물속에 용암의 용출 때문에 바닷속에 서식하고 있는 산호초가 생명을 잃고 미네랄이 풍부한 산호머드 팩으로 변해 밀키웨이 바다의 바닥을 가득히 메우고 있다.

　이것이 피부에 좋다고 소문이 나 관광객들은 해양스포츠를 즐기기 위해 선상에서 수영복 차림으로 온 몸에 산호 팩을 바르고 잠시 햇볕에 말리다가 바닷속에 뛰어들어 바다 수영을 즐긴다. 그리고 정해진 시간에 기쁨과 즐거움을 만끽하고 나서 깨끗한 물로 씻어내고 일과를 마친다. 우리 일행들 역시 하나도 빠짐 없이 해양스포츠 체험에 동참하여 즐겁고 유익한 시간을 함께했다.

해양스포츠(출처 : 현지 여행안내서)

해양스포츠(출처 : 현지 여행안내서)

그리고 젤리피쉬레이크(Jellyfish Lake, 일명 해파리섬)로 이동하기 위해 산 넘고 물을 건너 그리고 고개를 넘어 해파리섬에 도착했다. 이곳은 지구의 지각 변동 탓에 바다가 육지에 둘러싸여 호수로 변했다. 오랜 세월 동안 민물과 혼합이 되어 담수호로 변해 바닷물고기들은 서서히 사라지고, 해파리들만이 끈질기게 살아남아 지금은 해파리들의 삶의 터전이 되고 있다. 해파리들은 천적이 사라지고 없자 동물의 진화 과정을 거

화폐로 사용한 돌

팔라우 국립박물관 소장품

쳐 독이 없는 해파리로 변해 호수를 독점하는 식으로 종족을 번식하며 살아
가고 있다.

이곳 체험 활동은 수영복을 입고 호수에 뛰어 들어가 해파리들 무리와 어
울려 해파리 가족들의 생활 모습을 바닷속에서 구경하고, 살며시 만져 보기
도 하고, 가까이에서 물장구도 치면서 해파리들을 쫓아가며 수영을 즐기는
해양 스포츠이다. 거짓말 좀 보태면 물 반 고기 반이 아니고 물 반 해파리 반
이다.

우리 일행들은 체험 활동이 끝나자 이구동성으로 참 재미있었다고 야단법
석이다.

# 미크로네시아 <sup>Micronesia</sup>

미크로네시아연방(Federated States of Micronesia)은 야프(Yap), 추크(Chuuk, 옛 이름 Truk), 폰페이(Pohnpei, 옛 이름 Ponape), 코스라에(Kosrae) 등 남태평양의 4개 섬나라로 구성된 연방 국가이다. 물론 이것은 큰 섬만을 기준으로 했을 때이고, 모두 670개의 섬으로 이루어져 있다.

앞에서 언급한 네 개의 섬나라들은 모두 캐롤라인(Caroline)제도의 일부분이며 스페인과 독일, 일본, 미국의 식민지 지배를 거쳐 독립했다. 연방 국가이기는 하지만 각 섬나라는 각기 다른 문화와 전통, 언어를 가지고 있고 완전한 자치권을 인정하고 있어 독립된 국가와 다를 바 없다.

미크로네시아연방은 보통의 남태평양 지역 미국령 나라들과는 다르게 미국에 의존성이 약하고 모든 정책에 있어서 미크로네시아연방국의 전통적인 방식을 고수하는 나라이다. 이걸 말해주는 아주 쉬운 증거로는 아직까지 미크로네시아연방은 남자들이 허리감싸개를 두르고 거리를 활보하고 있으며, 돌 동전이 화폐로 유통되고 있다는 점이다. 미크로네시아연방의 국민은 콜럼버스가 이곳을 찾아오기 이전부터 태평양을 항해했던 자신들의 과거에 대한 강한 자부심 있다.

현재 이러한 미크로네시아인의 성격은 이곳을 은밀히 찾는 스쿠버 마니아들에게는 최상의 다이빙 포인트를 제공하고 있으며, 이곳은 각종 야생동물이 서식할 수 있는 좋은 장소이기도 하다. 서쪽 끝의 야프섬에서 동쪽 끝의 코스라에섬까지의 거리가 2,800km이고 남북의 거리가 1,000km에 달하는 이 나라는 필리핀 동쪽 800km에 위치하고 있다. 동쪽 섬들은 주로 산호섬이며, 서쪽은 화산섬들이다. 해안에는 홍수림이 발달해 있으며 고도가 높아질수록 초원 관목림과 열대우림이 펼쳐져 있다.

열대우림 기후인 이 나라의 연평균기온은 27℃이다. 강우량은 동쪽에서 서쪽으로 갈수록 작아지나 전체적으로 3,000mm 이상이며, 계절적인 변동은 거의 없다. 주요 언어는 섬마다 달라 8개 언어가 사용되나, 대체로 영어가 통용된다. 태평양 전쟁 후 UN과 미국이 통치해왔던 남태평양의 야프, 추크, 코스라에, 폰페이 등과 나머지 섬들이 연방 국가를 만들었으며 1991년 UN의 승인을 얻고 회원국이 되었다.

폰페이섬은 미크로네시아연방의 섬으로, 캐롤라인제도에 속한다. 이곳에 미크로네시아연방의 수도인 팔리키르(Palikir)가 위치하며 행정 구역상으로는 폰페이주에 속한다. 과거에는 포나페(Ponape)섬으로 알려지기도 했다. 섬 이름은 현지어로 '돌로 만든 제단(Pehi) 위(Pohn)'를 뜻한다. 섬 안에는 폰페이 국제공항이 있다.

그리고 면적은 345km², 인구는 약 34,000명이다. 섬의 최고점은 780m인데 미크로네시아언빙에서 면적이 가장 크고 인구가 가장 많은 섬이다. 이

섬에 거주하는 주민은 폴리네시아인이 다수를 차지한다. 조류가 많이 서식하는데 그중에서도 폰페이섬 특유의 네 종류의 조류(폰페이 잉꼬새, 폰페이 공작, 폰페이 딱새, 폰페이 동박새)가 서식한다. 한때 폰페이 찌르레기도 서식했지만 현재는 멸종된 상태이다.

국토면적은 702km²이며, 인구는 약 11만 8,000명(2022년 기준)이다.

주요 언어는 영어, 축언어, 폼페이어, 얍어 등이 있다.

민족구성은 미크로네시아인, 폴리네시아인 등이 혼재해 있으며, 종교는 로마가톨릭 50%, 프로테스탄트 47% 순이다.

시차는 한국 시각보다 2시간 빠르다. 한국이 정오(12시)이면 미크로네시아는 오후 14시가 된다. 공식 화폐는 미국 달러화를 사용하며, 전압은 120V/60Hz 사용하고 막대형 2구 콘센트를 이용한다.


현재 시각은 2019년 8월 21일 02시 35분이다. 팔라우를 출발해서 다음 여행지인 미크로네시아로 향하는 직항 항공 노선이 없다. 그래서 미국령 괌을 경유해서 미크로네시아에 입국하기 위해 괌으로 향하는 비행기에 탑승했다.

괌에 도착 즉시 출입국관리사무소로 이동했다. 입국하기 위해 여권을 담당 직원에게 제시했다. 담당 직원은 필자의 두툼한 여권을 뒤적뒤적하다가 잔소리를 늘어놓는다. 이유는 유엔 안보리 결의를 위반하거나 미국 정부 정책에 반하는 반체제 활동을 하는 국가를 미국에서는 적대국이라고 표현하는데 적대 국가를 다녀왔으니 미국 입국을 거부한다는 요지이다. 여행을 많이 하는 것도 경우에 따라서 죄가 되는 상황이다.

원래 출입국사무소 직원이 질문하면 대답을 자주 하는 것은 출입국 통과 시간을 지연시키는 일로 연결이 된다. 그래서 묵비권을 행사해서 벙어리처럼 가만히 있었다. 여권을 돌려주지 않고 입국자를 유치하기 위해 사무실로 안내한다. 본인은 미크로네시아를 가기 위해 환승하기 위한 목적이지 괌에 머무를 생각은 전혀 없다고 하며 미크로네시아행 비행기 탑승권을 보여주어도 잔소리하지 말고 가만히 대기하고 있으라는 식으로 답을 한다. 옆자리의 다른 직원은 필자의 여권을 확인하고는 아무 문제가 없다고 하는데 유독 담당자만이 자기주장을 강력하게 주장한다. 직속 상관이 외출하는 틈을 타서 가까이 다가가서 형편을 이야기해도 가만히 있으면 당신이 원하는 바가 이루어질 것이라고 한다. 그러나 억류당하는 시간이 길어짐에 따라 불안하기 짝이 없다. 장시간 억류당하는 이유로 예약된 미크로네시아행 비행기에 탑승할 수 없는 것을 가정할 때 일행들과 합류할 수 없어 '낙동강 오리 알 신세로 전락하지 않을까?' 하는 불안하고 초조한 마음은 깊어만 간다. 억류시간이 2시간이 지나 비행기 탑승 시간이 겨우 10분이 남아있다. 그때 공관 직원이 나타나서 자기와 같이 탑승장으로 동행하자고 한다. 얼마나 반가운지 춤을 추어도 모자랄 것 같다. 공관 직원은 필자를 탑승장까지 바래다주고 필자가 출국하는 것을 확인하고 난 후 발길을 돌린다. 이렇게 우여곡절 끝에 여객 중 맨 마지막으로 비행기에 탑승하고 괌 공항을 출발해서 미크로네시아 폼페이 공항에 2019년 8월 21일 13시 18분에 무사히 도착했다.

그리고 호텔로 이동해서 여장을 풀고 점심 식사를 한 후 시내 중심지로 향

공동묘지

했다. 제일 먼저 도착한 곳은 주택
밀집지역 가운데 입지하고 있는 공
동묘지로 현지 가이드가 안내한다.
무수히 많은 나라와 지역을 여행하
였지만, 주거지역 가장 중심이 되는
곳에 공동묘지가 있는 곳은 이번이
처음이다. 주거지역 중심에 있어 묘
지가 어린이들의 놀이터로 이용되
는 것도 생소했다.

　다음은 한적한 공원 가장자리에

스페인이 세운 교회

자리 잡고 있는 스페인 식민지 시절에 세워진 교회를 방문했다. 교회는 수십 년간 방치되어 나뭇가지와 무성한 숲으로 덮여있다. 그로 인하여 형체만을 겨우 알아볼 따름이다.

그리고 정부청사로 향했다. 정부청사를 두루 살펴보고 대통령 집무실로 이동했다. 대통령 집무실은 정문도 아니고 집무실 출입문 손잡이를 잡고 기념 촬영을 해도 누구도 제지하는 사람이 없다. 대한민국 사람이라면 이해하기 어려운 상황이다. 증거물로 기념사진을 보관하고 있지만, 인체와 문짝만이 크게 현상되어 있어 책에 싣는 것은 생략하기로 했다.

그리고 오늘의 마지막 일정으로 해변이 한눈에 바라다보이는 산등성이 전망대에 올라가서 맑고 깨끗하고 그림 같은 해변을 바라보며 기념 촬영을 마

정부청사

전망대에서 바라본 해변

치고 숙소로 향했다.

미크로네시아 폰페이섬 남동쪽에 있는 템웬(Temwen)이라고 불리는 조그마한 92개의 산호초 섬이 있다. 이 섬들은 인공섬으로 건설한 난마돌(Nan Madol) 유적이며 오세아니아지역에서 최대규모를 자랑하는 유적지이다. 현지 가이드의 설명에 의하면 미크로네시아연방은 문자의 발명과 도입 과정이 없어 구전과 설화로 그리고 추정과 짐작으로 일부분만이 역사에 기록으로 남아있다고 한다.

1,000년의 역사를 자랑하는 난마돌 유적지는 사우델레우르왕조(Saudeleur Dynasty, 1100~1628)에 의해 태평양의 세계사에 등장했으며, 1628년 이소켈레켈(Isohkelekel) 추장의 침략으로 왕조는 역사 속으로 사

난마돌 유적

난마돌 유적

난마돌 유적

맹그로브숲

라지고 유적만 폐허로 방치되어 있있다. 근대에 와서 미크로네시아 정부에서 보수와 정비를 거쳐서 일반인들에게 개방하고 관광객들을 유치하고 있다.

난마돌 유적지는 인공섬인 까닭으로 지역에 따라 조금씩 다르지만, 물이 차면 수로가 되어 운하로 변하고, 물이 빠지면 하천으로 변하여 관광객들이 이 섬 저 섬을 돌아다니며 유적지를 답사할 수 있다. 그리고 해변에는 맹그로브 숲이 우거져 있어 바닷물로 인한 침식작용에 방패가 되어 그나마 섬들이 지금까지 온전하게 보존 상태를 유지할 수 있었다.

# 마셜제도 Marshall Islands

새하얀 모래사장과 라군(Lagoon, 석호)이 아름다운 수천 개의 산호초 섬으로 이루어진 마셜제도(Marshall Islands)는 이곳을 방문하는 모든 관광객에게 '열대의 아름다움이 바로 이런 것이다.'라는 것을 보여줄 수 있는 곳이다.

이곳은 아직 다른 다이버들이 찾아오지 못한 원시의 다이빙 포인트들이 많으며, 울창한 열대의 정글 수풀도 관광객들을 기다리고 있다. 그리고 아직도 식민지 시대 이전 이곳 원주민들의 전통적인 수공예품 등과 같은 전통 어린 물건들이 많고, 산호초 주위를 돌고 있는 원주민들의 카누를 발견하는 즐거움을 느낄 수 있다. 마셜제도에도 서구 문명이 조금씩 밀려오긴 했지만, 남태평양의 어느 섬보다도 원시의 열대 문화를 느낄 수 있는 나라이다.

천국 같은 평화로운 마셜제도의 풍경 이면에서 아직도 많은 마셜제도 사람들이 20세기의 추악한 문명이 이 섬에서 저지른 일들로 고생을 하고 있다. 일례로 1960년대 마셜제도에 자행된 67번의 원폭 실험으로 많은 원주민이 방사능에 오염되어 고통을 받고 있으며, 국토 또한 오염되어 있다.

사진으로 남아있는 원폭실험 반응 　　　핵 폐기물 처리장

　이러한 모진 경험들에도 불구하고 이곳 사람들은 이곳을 찾는 사람들에게 굉장히 친절하다. 게다가 이들은 자신들의 문화에 대해서는 이들 나름의 정체성을 잘 지켜나가고 있다.

　제2차 세계대전 후 미국의 신탁통치령이 되었던 마셜제도는 태평양 중서부 북서쪽에서 남동쪽으로 늘어선 라탁(Ratak)열도와 랄리크(Ralik)열도로 이뤄진 섬나라이다. 이 나라는 24개의 자치 구역으로 나뉘어 있으며 34개의 섬과 수많은 환초로 이뤄져 있다.

　해수면에 가까운 조그마한 환초로 이뤄진 해역은 한반도 면적의 8배에 달하지만, 실제 육지의 면적은 제주도 면적의 10분의 1 정도에 불과하다. 원주

사진으로 남아있는 원폭실험 반응

민은 BC. 3세기경 동부 아시아와 인노네시아에서 이주해 온 몽골계와 뉴기니 섬에서 건너온 니그로이드계 혼혈인 미크로네시아인들이다.

열대우림 기후로 우기와 건기 두 계절로 나뉘는 마셜제도는 10~11월의 우기 때 남부지역에 약 4,000mm, 북부는 약 800mm 정도의 비가 내린다. 건기는 1~3월이며, 연평균 기온은 28도이다.

수도 마주로(Majuro, 문화어; 마쥬로)의 면적은 9.71km², 인구는 약 27,000명(2020년 기준), 최고점은 3m이다. 이곳은 64개 섬으로 구성된 환초이며 라탁열도에 속한다. 제2차 세계대전 이전까지는 일본의 위임통치령 이었으며 2차 세계대전 종전 때부터 1986년까지 미국의 신탁통치령으로 남

호텔 정원

아 있었다.

마셜제도의 국토면적은 181.4km²이며, 인구는 약 5만 9천200명(2022년 기준)이다.

민족구성은 미크로네시아인이 절대다수이고, 공용어는 영어를 사용한다.

종교는 크리스천(프로테스탄트)이 압도적이다. 시차는 한국시각보다 3시간 빠르다. 한국이 정오(12시)이면 마셜제도는 오후 15시가 된다. 공식 화폐는 미국 달러화를 사용하며, 전압은 100V/60Hz를 사용하고 막대형 2구 콘센트를 이용한다.

마주로 환초(Majuro Atoll)는 옛날 옛적 1만 2천 년 전 찬란한 문명을 꽃피우던 '뮤(Mu) 대륙이 화산폭발로 잠긴 후 남아 있는 곳'이라는 전설이 전해

2박 3일 숙식을 한 호텔

내려오는 곳이다. 눈부신 열대의 태양 아래 점점이 수놓아져 있는 환초의 섬들 그리고 때 묻지 않은 흰 산홋빛 모래 해변, 바닷속의 환상적인 비경은 마셜의 보고이다.

　마셜공화국은 세계에서 7번째 작은 나라이다.

　서북에서 동남으로 1천3백km나 이어지는 열도는 파도가 높은 날이면 이쪽 파도가 저쪽으로 넘나들 정도로 높다. 수백 미터의 기다란 모습의 섬들이 연결되어 환초 군을 형성한다. 마치 도넛 모양으로 형성되어 있다. 산호섬 중 세계에서 제일의 아름다움을 뽐내는 마셜군도의 섬 주변으로 퍼지는 색깔은 마치 옥빛 물감을 떨어뜨린 것처럼 투명하며 맑다. 썰물과 밀물에 따라 섬이 붙었다 떨어졌다 한다.

로라 빌리지 해변 공원

로라 빌리지 해변

제2차 세계대전을 기리는 마주로 평화 공원

제2차 세계대전을 기리는 마주로 평화 공원

박물관의 제2차 세계대전 사진

그림으로 보는 박물관 사진

바깥 바다(태평양)에는 산호모래로 눈부신 백사장 비치가 있다. 산호가 부서져 만들어진 모래는 밀가루처럼 부드럽고 촉감이 좋아서 하와이 등지로 수출하기도 한다. 이곳에 상어 떼들이 모여 살고 있다.

마셜제도를 방문하는 대부분 여행객은 마주로 환초를 벗어나지 않는다. 마주로 환초대는 인구 약 27,000명이 살며, 57개의 작은 산호섬과 55km의 포장도로가 있는 좁고 기다란 섬으로 이뤄져 있다. 데랍(Delap), 울리가(Uliga), 다릿(Darrit) 등의 마주로의 세 개 섬이 D U-D 자치구로 묶여 마셜제도의 수도로서 역할을 하고 있다. 이곳이 마셜제도 내에서 가장 많은 사람이 살고 있는 지역이다.

마주로 환초대 자체 내 육지 총면적은 97km², 주변 라군은 295km²에 달한다. 이곳 마주로에는 항만과 국제공항이 있으며, 마주로 산호대 동쪽 끝에는 마셜제도 대학이 있다. 2차 세계대전이 있었던 1944년 1월 30일 미군은 일본군이 있던 마주로를 침공한 이후, 세계정세에 크게 흔들리지 않고 마셜만의 고유문화를 유지하고 있다.

마셜제도를 찾는 대부분 방문객은 경제, 정치의 중심지이자 주요 유명지역과 가까운 마주로 환초대를 들르게 된다. 이 지역은 익히 알고 있는 열대 파라다이스는 아니지만, 작아도 마셜의 문화를 한눈에 볼 수 있는 알레레박물관(Alele Museum)을 비롯하여 마셜의 특유 문화를 체험할 수 있는 볼거리가 있다.

또한 스포츠 고기잡이와 다이빙은 관광객들을 끌어들이는 이 지역의 매력이다. 날씨는 대체로 온화하고 연중 습도가 다소 높은 편이다.

로버트 루이스 스티븐슨(Robert Louis Stevenson, 1850년~1894년)은 1889년 환초를 방문해 "태평양의 진주"라고 불렀으나 현재 원시 상태의 마주로와는 다소 차이가 있다.

마주로는 마셜제도에서 가장 서양화된 섬이지만 아직도 섬 생활에 대해 배울 게 많이 남아 있는 곳으로 섬의 양쪽 면을 볼 수 없는 좁은 땅에서의 생활이 어떤 것인지 이해하게 될 것이다. 본토의 서쪽 끝에 있는 로라 빌리지(Laura Village)를 방문하면 다른 외부의 섬들과 비슷한 생활을 하는 전원적인 모습을 보게 된다.

또한 섬에서 가장 좋은 비치와 일본인에 의해 만들어진 2차 세계대전 기간 동안 동태평양에서 전사한 사람들을 기념하기 위한 마주로 평화 공원이

코코넛 기름 짜는 공장

코코넛 기름 짜는 공장

있다.

세 개의 마주로섬인 데랍, 울리가, 다릿은 D-U-D 지방자치 단체를 구성하고 있으며 국가의 수도로 가장 인기 있는 장소들이 들어서 있다.

마셜제도에서는 아레레박물관에서 초기의 마샬인의 문화와 스틱 차트, 카누 모형, 조개 도구를 포함한 우수한 전시품을 볼 수 있고 코코넛 기름 생산 공장과 현대적인 캐피털 빌딩이 방문할 만하다.

# 키리바시 Kiribati

중부 태평양의 서쪽에 있는 섬나라 키리바시(Kiribati)는 1788년 영국 해군 대령 토머스 길버트(Thomas Gilbert)가 길버트제도에 상륙한 뒤 영국의 식민지화가 시작되었다. 1916년 길버트(Gilbert)제도와 엘리스(Ellice)제도가 영국에 병합되었고 1971년 모두 자치권을 얻었다. 1978년 엘리스제도가 투발루로 분리된 후 1979년 7월 독립하였다.

정식명칭은 키리바시공화국(Republic of Kiribati)이다. 오스트레일리아 동북쪽 미크로네시아 중부에 위치한 길버트제도, 라인제도(Line Islands), 피닉스제도(Phoenix Islands)에 있는 33개의 환초가 영토이다. 격전을 치른 곳으로 유명한 이 지역은 잠시 일본군에 점령되었다가 2차 세계대전 종전 후 다시 영국령으로 귀속되었다. 미국이 핵실험 장소로 이용하던 피닉스제도와 라인제도는 키리바시 독립 때에 완전히 양도되었다. 국명은 길버트제도의 옛 이름인 'Gilberts'를 키리바시어로 표기한 것이다. 행정구역은 길버트 · 라인 · 피닉스제도의 3개 구역(Unit)으로 되어 있다.

키리바시는 육지의 흙보다는 바다의 산호가 그리고 모래사장의 해변보다

제2차 세계대전 전적지

는 깊고 푸른 바닷물이, 사람보다는 코코넛 나무가 그리고 토속종교보다는 가톨릭교회가 더 많은 곳이다. 수많은 산호초와 주변을 맴도는 다양하고 많은 물고기 그리고 2차 세계대전의 잔해들이 있다. 또한 주변에 많은 산호섬이 즐비하게 널려있다.

키리바시의 수도인 타라와(Tarawa)는 현대적인 문물이 차츰 들어오는 곳이지만 아직까지는 키리바시의 지역문화가 짙게 깔려있다. 많은 해양스포츠 활동은 하기 어렵지만 대부분 지역에서는 다이빙이나 낚시를 어렵지 않게 할 수 있으며 전원적인 해변에서 한가롭게 책을 읽으면서 여유로운 시간을 보내기엔 그리 어렵지 않은 곳이다.

타라와는 길버트제도와 엘리스제도가 영국의 옛 보호령 하에 있었을 때 수

수도 타라와 북섬

타라와 남섬에서 북섬으로 가는 다리

도였으며, 현재는 키리바시공화국의 수도이다. 타라와는 사람이 사는 8개의 섬을 포함한 24개의 섬으로 구성되어 있으며, 대표적인 섬은 가장 큰 섬인 본리키(Bonriki)섬과 베티오(Betio)섬, 바이리키(Bairiki)섬 등이다. 키리바시의 무역 중심으로는 코프라와 진주조개가 주 수출품목이다. 도시에는 국제공항을 비롯하여 교사 양성대학, 해양 연수원 등 시설이 있다.

2차 세계대전 동안 타라와는 일본군에게 점령된 후, 1943년 11월 20일부터 시작된 피로 얼룩진 타라와 전쟁을 겪게 되었으며, 미 해군이 타라와와 마킨(Makin) 산호대에 상륙함으로써 전쟁은 극에 달하게 되면서 마침내 미 해군의 승리로 종전에 이르렀다.

1990년대 수도의 남부지역, 특히 베티오는 세계에서 인구밀도가 가장 높은 지역 중 하나가 되면서 정부청사는 인구 분산정책에 따라 인구밀도가 낮은 섬으로 옮기게 되었다.

국토면적은 811km²이며, 인구는 약 12만 명(2022년 기준)이다. 민족구성은 절대다수가 키리바시인이고, 공용어는 영어를 사용한다. 종교는 로마가톨릭(52%), 개신교(40%), 기타(8%) 순이다.

화폐는 호주 달러(A$)를 사용하며, 환율은 한화 1만 원이 호주 12.3달러 정도로 통용된다. 시차는 한국시각보다 3시간 빠르다. 한국이 정오(12시)이면 키리바시는 오후 15시가 된다. 전압은 240V/50Hz를 사용한다.

키리바시는 중부 태평양의 적도와 날짜변경선의 교차지점 부근에 흩어져 있는 길버트제도(오션섬 포함)와 라인제도, 피닉스제도 등으로 이루어진 도서국이다. 이 해역은 태평양에서도 특히 산호초가 밀집해 있다. 길버트제도는 두 줄로 늘어선 50개 가까운 환초이고, 피닉스제도는 12개의 환초로 구성되어 있다.

지형은 대체로 평탄하지만 물과 토양이 부족하고, 그 부족한 모래땅이 허리케인 같은 폭풍우에 씻겨 내려간다.

기후는 열대 해양성 기후로서 기온·습도의 변화가 거의 없는 22~23℃의 고온을 이루지만 북동무역풍의 영향으로 비교적 견디기 쉽다. 연강우량은 3,800mm가량이나 불규칙적이어서 심한 가뭄이 계속되기도 한다. 전체 육지 면적 중에서 경작 가능한 지역 50.69%, 농경지 47.95%(2022년 기준)이다.

민족구성은 미크로네시안이 98.8%, 중국인 및 기타 민족이 1.2%이다. 주민은 33개 섬 중에 20개의 섬에 흩어져 거주하고 있다. 공용어는 영어이며 길버트어도 사용된다.

1979년 7월 12일에 제정된 헌법에 따르면 키리바시는 대통령 중심제 공화국이다. 국회가 대통령 후보를 추천하여 후보 중에서 국민투표에 의해 대통령이 선출된다.

2003년 7월 10일에 선출되고, 2007년 10월 재선된 대통령 아노트 통(Anote Tong)이 국가원수이자 행정부의 수반이다. 내각은 대통령과 부통령, 법무장관 등 12명 이하의 각료로 구성된다. 입법부는 임기 4년인 단원제이며 46석으로 이루어져 있다. 여기서 44석은 국민투표로 선출되고, 나머지는 전 법무부 장관 1석, 오션섬 대표 1석으로 선출된다. 사법부는 탄원 법정, 고등법원, 26개의 치안 법정이 있으며 이들 법원의 모든 법관은 대통령이 임명한다.

키리바시는 미국에 대사관이 없으며 호놀룰루(Honolulu)에 명예 영사관이 있다. 군대가 없으며 국방을 뉴질랜드와 오스트레일리아에 의존하고 있다.

길버트제도의 특산물은 코프라와 진주조개이며 오션섬(바나바섬)에서는 인광석이 산출되었으나 1979년 이후 거의 고갈되었다. 오스트레일리아, 뉴질랜드, 영국 등을 상대로 코프라 등을 수출하고 쌀과 석유제품, 육류, 밀가루, 설탕 등을 수입한다.

이 나라는 남태평양 도서국 중 빈곤한 나라에 속한다. 키리바시 정부는 앞으로 재원을 코프라 및 어업자원 개발에 기대를 걸고 있다.

현재 국가재정의 주요 수입은 한국, 일본, 미국 등 원양어선 국가들로부터 받는 입어권료이다. 수출품의 62.5%가 코프라이고, 코코넛과 김, 생선 등도 수출한다. 수요 수출국은 미국 22.8%, 벨기에 21.5%, 일본 14.3%, 사모아 7.8%, 오스트레일리아 7.5%, 말레이시아 6.7%, 타이완 5.6%, 덴마크 4.6%(2016년 기준) 등이다.

총수입액은 6,200만 달러이며 식품류와 기계류, 제조품, 기름 등이 주 수입품이다. 주요 수입국의 비중은 오스트레일리아 33%, 피지 27.1%, 일본 18.1%, 뉴질랜드 6.9%(2016년 기준)이다.

키리바시는 가톨릭교도가 많고 교육 수준도 높은 편이다. 키리바시의 문화적인 특징은 춤과 노래에 잘 나타나고 있는데, 악기는 오직 박자에만 의존하나 합창은 뛰어난 하모니를 지니고 있다.

타라와섬에는 에어나우루와 에어퍼시픽 등 국제선 항공로가 개설되어 있고, 각 도서지역에는 국내선 항공기가 운항한다. 가까운 섬 사이에는 도로가 놓여 있어 택시와 버스가 다니고, 원거리 섬 간에는 보트나 페리호, 비행기 등이 이용된다. 네 개의 라디오 방송국과 한 개의 텔레비전 방송국(2019년 개국)이 있으며, 인터넷 호스트 수는 41개(2017년 기준), 사용자 수는 2,000명(2019년 기준)이다.

또한 19개의 공항이 있으며, 총 도로길이는 670km이다. 주요항구는 베티오가 있으며, 군대는 없다. 육지에서 가장 높은 곳은 해발 3m에 그치며, 제일 낮은 곳인(해발 0mm) 베티오 앞바다에는 무역선이 정박하고 있다.

키리바시의 고유 무예 타비테우에(Tabiteuea)와 줄을 사용하여 인형을 만드는 것이 볼만하며, 특별한 의식 개시에 춤을 추지 않고 한 명 또는 네 명이

육지에서 제일 높은 곳(해발 3m)

제일 낮은 곳(해발 0m) 베티오 항구

민속 공연

민속 공연

목소리를 내어 읊조리는 형태의 전통 음악이 있다. 그러나 서구화가 많이 진행되어 고유의 민속이 점차 사라지고 있는 추세이다. 운동경기는 배구, 축구 등이 인기가 있다.

2차 세계대전 당시 격전이 벌어졌던 베티오섬에는 전사자들을 추모하는 기념비 등 전쟁 유적들이 남아 있다. 키리바시에는 돌고래를 믿는 무속신앙이 남아 있으며 세계에서 해가 가장 먼저 뜨는 곳으로 알려져 많은 관광객이 찾는다.

민속공예 공방은 건물 자체부터 이국적인 분위기가 물씬 풍긴다. 건물구조 자체가 목재나 시멘트가 아니고 대나무로 기초를 세우고 그 위에 나뭇잎이나 줄기를 재료로 하여 수공예로 매듭을 엮어 지은 건축물이다. 이곳 2층에서

민속공예 공방

민속공예 공방

주민들(여성)이 10여 명 정도 모여서 나뭇잎과 줄기로 생활에 필요한 제품을 만들어 주로 관광객들에게 기념품으로 판매하고 있다.

현지 가이드의 부탁으로 우리 일행들은 1시간 정도의 시간을 할애해서 수공예 제품을 만들어 보기로 했다. 현지인들과 1대 1로 강사와 학생처럼 모양이 똑같은 제품을 골라 마주 앉아 열심히 노력한 덕분에 정해진 시간에 제품을 완성한 학생도 있지만, 미완성에 그친 학생도 있었다.

곧 점심시간이 되어 모두가 식당으로 이동했다. 처음부터 음식의 질과 양을 염두에 두지 않고 점심을 때우는 데 목적이 있었다. 그러나 예상외로 상차림이 선진국과 비교해도 손색없을 정도로 우수하며 가성비도 좋았다. 적은 비용으로 이렇게 푸짐한 밥상을 받아보기는 이번이 처음인 것 같다. 평소에

점심식사 메뉴

키리바시에서 제일 아름다운 해변

양이 적은 것이 원망스러웠다. 식탐으로 인해 배가 부르다.

소화도 시킬 겸 이 나라에서 제일 전경이 아름답다는 해변으로 이동했다. 흰 눈과 같은 하얀 백사장 그리고 옥빛으로 물들어 있는 바다 저 멀리 망망대해에는 하늘에 흰 구름만이 두둥실 떠다니고, 해변은 걸어가면 발자국이 생길까 봐 미안할 정도로 아름답다. 그리고 바다 가운데에 전망대가 있어 관광객들은 너도나도 기념 촬영을 위해 앞을 다투어 줄을 선다. 필자도 그룹의 한 사람으로 변했다.

그리고 대통령 관저를 방문했다. 일반인들과 관광객에게는 공개하지 않는다고 한다. 뾰족한 방법이 없어 이면도로에서 기념 촬영을 하고 국회의사당으로 향했다. 국회의사당 역시 정문에서 살이 찐 수위가 "내부입장은 불가하

대통령 관저

국회의사당

니 미안하지만, 이곳에서 기념 촬영이나 하고 돌아가십시오."라고 한다. 안에 들어가 보아도 소용이 없다고 생각하지만 뒤돌아서 걸어가는 발걸음에는 섭섭함이 그지없다.

# 나우루 Nauru

나우루(Nauru)는 남태평양의 작
디작은 섬나라로, 크기가 울릉도의
3분의 1, 여의도의 2.5배가량 되는
곳이다.

2차 세계대전 후 UN의 신탁통
치령으로 있다가 1968년 1월 독립
을 선언하고 1999년 UN에 가입하
였다.

정식명칭은 나우루공화국(Re-
public of Nauru)이다. 세계에서
가장 작은 독립 공화국으로 적도에

나우루 지도(출처 : 현지 여행안내서)

서 남쪽으로 42km 거리의 남태평양 해상에 위치한 산호섬이다. 북쪽으로
마셜제도, 동쪽으로 길버트제도, 남쪽으로 솔로몬제도, 서쪽으로 파푸아뉴기
니가 둘러싸고 있다. 행정구역은 14개 지구(Districts)로 이루어져 있다.

30km의 해안가를 달리는 나우루공화국은 솔로몬제도의 북쪽, 적도의 남쪽 바로 아래에 있는 단 하나의 섬으로, 인구수는 순수 나우루인과 아시아인, 유럽인을 합하여 약 11,200명이다. 전반적으로 나우루어를 사용하지만, 영어로도 의사소통이 가능하다.

남태평양상에 있는 미크로네시아의 산호섬으로 적도 남쪽 42km에 위치하며 평탄한 지형을 이루고 있다. 섬의 둘레는 30km에 불과한 아주 작은 섬으로 민족은 폴리네시아 · 미크로네시아 · 멜라네시아인으로 구성되어 있다. 이 작은 나라는 1900년에 인광석 광산 발견으로 그동안 호주에 연간 200만 톤의 인광석을 수출하여 초기에는 1인당 국민소득이 2만 달러를 상회하기도 했다. 그러나 자원의 감소로 인광석은 고갈되었으며, 채광의 결과로 섬의 중앙부는 달 표면을 연상케 하는 산호봉우리들이 사막화를 가속하고 있다.

이곳에는 인광석 광산, 2차 세계대전 당시 일본군이 건설한 벙커와 녹슨 야포들, 나우루박물관, 예술 · 공예센터, 섬 중앙부의 산호봉우리와 내륙경관 등이 있다.

1800년대 초 나우루는 미국인 고래사냥 낚시꾼의 근거지였다. 그 후 1800년 후반기에는 독일의 통치하에 있었으며, 1914년에는 호주의 통치를 받았다. 결국 1968년에 독립을 선언하게 되고, 나우루는 세계에서 가장 작은 나라가 되었다.

한때 나우루의 주요 경제산업은 인산비료의 수출로서, 나우루를 세계에서 주목받는 생활권 수준으로 올려준 경제산업이었다. 이로 인해 남태평양에서는 제일 잘 사는 나라였던 적도 있다. 하지만 외국 열강의 힘에 의해 나우루의 문화와 자연, 심지어 역사까지 많은 상처를 받아 파괴를 심하게 당하였다.

외국의 힘은 나우루에게 경제적인 혜택을 부여했으나, 토착민들에게 있어서는 그들의 전통문화와 정신을 잃어버리게 했다. 많은 것들이 수입된 문화와 풍습들로 전반적인 주류를 이루지만 아직까지는 나우루의 섬 문화가 남아 있다.

야렌구(Yaren District)는 나우루 남서부에 위치한 행정구로, 면적은 1.5km², 인구는 1,100명(2014년 기준)이다. 과거에는 '마크와(Makwa)'라는 이름으로 알려지기도 했다. 나우루 의회의사당과 행정부 청사, 나우루 국제공항 등이 있어서 사실상 수도 역할을 맡고 있다.

국토면적은 21km²이며, 인구는 약 1만 900명(2022년 기준)이다.

종족 구성은 미크로네시아계 원주민인 나우루인 60%, 태평양 섬 원주민 30%, 나머지 중국인과 유럽인 순이다.

언어는 나우루어와 영어를 사용하며, 종교는 기독교가 국교로 정해져 있다. 시차는 한국시각보다 3시간 빠르다. 한국이 정오(12시)이면 나우루는 오후 15시가 된다. 전압은 240V/50Hz를 사용하고 있다. 화폐는 호주 달러를 사용하는데, 환율은 한화 1만 원이 호주 12.3달러 정도로 통용된다.

섬의 지형은 평탄하여 최고점이 70m를 넘지 않으며, 남서부에 부아다호가 있다. 키리바시의 바나바섬, 프랑스령 폴리네시아의 마카티아섬과 함께 태평양상의 3대 인산염 암석 도서 중 하나이다.

기온은 연중 24~32℃, 연 강우량이 2,000mm 정도이다. 식생은 코코야자, 판다누스, 관목 활엽수가 자란다. 전체국토면적 중에서 경작지 및 경작

가능지는 없으며 산호가 100%(2015년 기준)이다. 지난 90년간의 인산염 광산개발에 따른 제한된 깨끗한 물, 탈염 식물 고갈 등의 환경 문제가 있다.

이 나라의 역사를 좀 더 깊이 살펴보면 나우루는 1798년 영국인이 발견하였고, 1888년 독일에 합병되었다. 1900년경 영국인이 이 섬의 최대 자원인 양질의 인광석을 발견하여 1906년에 영·독 합자회사에 의해 그 채굴이 시작되었다. 1914년 1차 세계대전 중 오스트레일리아군에 점령되었고, 1920년에 위임통치령이 되었다. 2차 세계대전 중에는 일본군의 강점 아래 있다가, 2차 세계대전 후 1947년 UN의 신탁통치령이 되었다. 그 뒤 원주민 사이에 독립의 기운이 고조되어, 1966년 입법평의회를 설치하고, 1968년 1월 독립을 선언하였다. 1968년 11월 영국연방에 가입했다. 세계 최소 공화국 중 하나이다.

1968년 1월 29일 제정된 헌법에 따르면 나우루는 내각책임제 겸 대통령제 공화국이며 3년 임기의 대통령이 국가를 대표하고 행정부의 수반이다. 2007년 8월 28일 루드위그 스코티(Ludwig SCOTTY)가 의회에서 선출되었다. 의회는 18석의 단원제이다. 임기 3년의 국회의원은 20세 이상의 성인에 의해 직접 선출되며, 대통령에 의하여 각료로 임명된다. 주요 정당으로는 나우루당, 민주당, 나우루제일당 등이 있다. 사법부는 대법원과 가정법원이 있다. 비동맹외교를 표방하고 1999년 9월 14일 UN에 가입했다. 나우루는 군대를 보유하지 않으며 국방을 오스트레일리아에 의존하고 있다. 남태평양 비핵조약 조인국이고 1991년 아시아개발은행에 가입했다. 특별 영연방 회원국 소속으로 모든 의료 활동이 무료이며 오스트레일리아 병원을 공동으로 사용한다. 또한 오스트레일리아 법원에 상소할 수 있으며, 국방 또한 오스트레일리아가 담당한다.

농업은 전체 국토면적의 약 15%에 해당하는 해안지대와 부아다호 주변에서만 이루어진다. 이곳에서는 돼지와 닭을 기르고 코코넛과 바나나, 파인애플, 채소 등을 재배한다. 나우루의 주요 자원은 인광석으로, 인광석 채굴과 수출이 경제를 주도하고 있다. 전기가 무상으로 제공되는데, 이는 인광석 수출에 의한 수익금으로 시행되는 것이다. 수익금의 절반가량은 국민의 복지에 사용되고, 나머지 절반 정도는 인광석 고갈에 대비하여 오스트레일리아에 있는 부동산, 국영 선박회사, 태평양·아시아·오스트레일리아·뉴질랜드로 취항하는 국영항공사, 장기 현금 투자 사업에 투자하고 있다. 투자 수익에 너무 의존한 결과 정부 재정은 파산 상태이고, 정부는 임금 동결과 공공 부분 축소에 나섰다. 의료, 주택 등의 분야가 쇠퇴하는 것을 막기 위하여 오스트레일리아의 지원에 힘을 입고 있다. 최근 국제 마약 거래와 돈세탁으로 수입을 늘리려고 하자 미국이 제지에 나섰다.

나우루는 원래 오랜 기간에 걸쳐 퇴적된 산호초가 융기해 만들어진 섬으로서 섬 전체에 인광석이 매장되어 있어 이를 수출해 지상낙원을 건설하는 듯했다. 그러나 인광석 채굴이 끝나가면서 지상낙원은 물거품이 되고 노동에 대한 개념이 없는 나우루 사람들은 오늘날 매우 어려운 처지에 놓이게 되었다.

인광석(Phosphate ore, Phosphorite)은 인을 함유한 암석 또는 집합체

인회석, 즉 인의 광석 인회석 외에 조류의 배설물 퇴적에 의한 구아노(Guano) 등도 포함된다.

인산칼슘을 다량으로 함유하고 있는 광석은 대표적으로 인회석, 인회토, 구아노 등이 있으며, 인산비료의 원료가 된다. 나우루의 인광석은 해조분(바닷새 일종 앨버트로스의 배설물)이 퇴적되어 형성된다.

한때의 풍족한 재정수입의 영향으로 의료, 교육 등의 사회보장 제도가 잘되어 있다. 의료보험 혜택은 무료로 제공된다. 유아 교육은 정부에 의해서 추진되며, 초등교육은 정부와 로마가톨릭교회에 의해서 이루어진다. 초등학교 이후 10년간은 의무교육 기간이다. 취학 가능 연령은 만 4세이다. 고등교육은 대부분 오스트레일리아에 가서 받기 때문에 많은 젊은이가 나우루를 떠나고 있다. 식자는 99%(1996년 기준)로 7세 이상 국민의 대부분이 읽고 쓸 수 있다.

절도 등의 범죄는 없으며 싸움이나 음주운전이 가장 잦은 범죄이다. 소득 수준이 상당하고 소득의 분배가 제대로 이루어지기 때문에 수준 높은 생활을 영위하고 있다.

해안순환도로가 섬의 해안을 따라 완전히 포장되어 있으며 인구의 약 4분의 3이 자동차나 모터사이클을 가지고 있다. 독일이 나우루를 합병했을 때 섬 주민의 전통춤을 금지했지만, 나우루 씨족의 사회적 특징은 생활의 한 형태로 아직까지 굳게 자리 잡고 있다. 주민들이 자동차, 냉장고 등 최신 설비를 갖추어 현대적인 생활을 영위하고 있음에도 불구하고 가부장적인 전통이 유효하다.

대통령 집무실은 출입문까지는 일반인에게 개방되어 있어 가까이 접근하여 기념 촬영을 할 수 있다. 그러나 그 이상은 활동 범위가 제한되어 있어 기념사진에 그치고, 우리는 나우루박물관으로 이동했다.

박물관 실내에는 2차 세계대전에 사용했던 병기와 소총, 탄알, 탄피 등을 조목조목 진열하고 있으며 원시시대 원주민이 사용한 일상생활에 필요한 도구들을 고스란히 함께 진열하고 있다.

그리고 과거 이 나라 부의 원천이었던 인광석 공장으로 향했다.

나우루는 과거 매장량이 풍부한 인광석 산지에서 인광석을 채굴해서 수출로 막대한 외화 수익을 올렸다. 그 결과로 1인당 국민소득이 2만 달러에 달했다. 그 당시 세계에서 가장 부자나라 미국이 1인당 국민소득이 1만 2천 달

대통령 집무실

대통령 집무실

러라고 하면 상상해볼 수 있는 국민소득이다.

1990년 인광석 매장량이 고갈되면서 국민소득이 급격하게 떨어져 1인당 국민소득은 2,500달러로 급감했다. 지금은 그간 공장에서 일해온 외국인 노동자들이 모두 본국으로 돌아가고 텅텅 비어 있는 빈터와 폐허가 된 건축물만이 우리를 기다리고 있다. 그리고 장기간 방치된 상태로 유지하고 있어 무성한 나무와 잡초들이 건축물들을 감싸고 있다. 공장을 방문하기 위해 찾아갔지만, 입구부터 들어가서 구경이라도 하고 싶은 마음이 전혀 내키지 않는다. 그래서 정문 입구를 배경으로 기념 촬영을 하고 선창가 부두로 이동해서 인광석을 수출하기 위해 인광석을 선적하는 장비들을 구경하고 이 나라에서 해발로부터 제일 높은 지역(70m)에 올라 사방으로 그림처럼 펼쳐진 아름다

박물관 소장품

나우루박물관 입구

인광석 제조 공장

인광석을 선적하는 장비

아니베어만

아니베어만

육지 방갈로(출처 : 현지 여행안내서)

해싱 빙길로(출처 : 현지 여행안내서)

운 해변을 관람하고 내려왔다.

세계에서 제일 작은 섬나라 동쪽에 위치한 아니베어만(Anibare Bay)은 2km 이상이 되는 해변을 자랑하며, 특히 기둥처럼 뾰족뾰족한 산호 암초들이 솟아있는 모습은 정말 장관이라 아니할 수 없다. 그래서인지 우리나라의 백령도나 울릉도, 해금강 등이 문득 떠오른다.

나우루에서 가장 아름다운 이곳은 사진 촬영하기에 너무나 배경이 좋아 사진작가들에게 많은 사랑을 받고 있는데, 사진 촬영장소로는 말이 필요 없는 장소이기도 하다.

그러나 잔잔한 바닷속에는 무수히 많은 산호초와 암초가 도사리고 있어 수영하기에는 적합하지 않다.

# Part 4.
# 폴리네시아 1
## Polynesia 1

# 사모아 Samoa

남태평양 날짜변경선 아래 피지
제도에서 북동쪽으로 약 800km
해상에 위치하는 사모아(Samoa)
는 화산군도이다. 정식명칭은 사모
아독립국(Independent State of
Samoa)이다.

주도 사바이(Savai'i)는 최대의 섬
이며, 높이 1,858m의 실리실리산
이 솟아 있고, 다음으로 큰 우폴루
(Upolu)섬에는 높이 1,100m의 피
토산이 솟아 있다. 사바이섬은 용암

(출처 : 현지 여행안내서)

류로 뒤덮인 토지가 넓은 면적을 차지하고 있지만, 그 규모에도 불구하고 전
체 인구의 불과 3분의 1이 거주할 뿐이다. 거의 모든 촌락은 산호초로 둘러
싸인 해안과의 사이 좁은 평지에 입지한다.

연평균기온은 27℃ 정도이나 무역풍의 영향으로 비가 많아 연강우량은 3,000~4,000mm 내외이다. 비는 11월~4월에 집중해서 오는데, 산지에서는 6,000mm를 넘는 때도 있다. 섬 전체는 열대식물에 뒤덮여 습도가 높으며 거의 남쪽의 위도상에 있는 타히티섬이나 피지제도보다 무덥다.

전체 면적 중 경작 가능지가 21.13%, 농경지가 24.3% 그리고 기타 54.57%(2015년 기준)이다.

전체 인구의 3분의 2 이상이 우폴루섬에 거주하며 뉴질랜드에도 10만 명 이상의 사모아인이 거주하고 있다. 인구의 92.6%가 사모아인이며, 폴리네시아족과 유럽 혼혈족인 유로네시아인이 7%, 유럽인이 0.4%이다. 그리고 이들 혼혈인은 관계 및 산업계 등에서 주로 활약한다.

공용어는 영어와 폴리네시아어에 속하는 사모아어인데, 사모아어는 음절이 모두 모음으로 끝나는 특징이 있다. 종교 분포는 개신교 조합교회 34.8%, 가톨릭 19.6%, 감리교회 15%, 말일 성도교회 12.7%, 하나님의 교회(Assembly of God) 6.6%, 안식일 재림파 3.5%, 기독교 5.8%, 기타 2.0%(2021년 기준)이다.

1981년 기준 문맹률 0%로 7세 이상 국민의 대다수가 글을 읽고 쓸 수 있다.

사모아제도는 폴리네시아인이 태평양지역으로 이동할 때 가장 먼저 정주한 곳으로 추측된다. 이들은 오랫동안 독자적인 전통사회를 유지하였으나, 1722년 네덜란드의 항해가 야코프 로게렌(Jacob Roggereen)의 탐방을 계기로 서구인과의 접촉이 시작되었다. 1830년에는 영국인 선교사 존 윌리엄스(John Williams)와 찰스 바프(Charles Barff)가 이곳에 상륙해서 전도 활동을 개시하였다. 이들의 열성적인 전도에 따라 사모아인은 그리스도교로 개종하여 각지에 교회를 세웠다.

당시 사모아에는 폴리네시아계의 말리에토아(Malietoa) 왕조가 군림하고 있었으나 19세기 후반에 왕위계승을 둘러싼 쟁탈전이 벌어졌다. 동시에 태평양으로의 진출을 꾀하는 영국과 독일, 미국 등 3국의 사모아 점령이 시도되었다. 1889년 태풍이 일어나 아피아(Apia)항구에 집결한 3국의 함대가 침몰하는 사건이 발생하였는데, 그 해에 3국 협정이 성립되어 서사모아는 독일령 사모아, 동사모아는 미국령 사모아로 분할되었다.

1차 세계대전에서 독일이 패배한 후 독일령 사모아는 뉴질랜드의 위임 통치령이 되었다. 사모아인의 민족운동은 1920~1930년대에 걸쳐서 독립운동으로 발전, 이따금 뉴질랜드를 괴롭혔다. 2차 세계대전 후 잠시 동안 뉴질랜드의 신탁 통치하에 있었으나 1961년 UN 총회는 사모아의 독립을 인정하였고, 다음 해 1962년 1월 1일 독립을 선언하였다. 1970년 8월에는 영국연방에 가입하였고 1976년 UN에 가입하였다.

1962년 1월 1일 제정된 헌법에 따르면 영국연방에 속한 사모아는 의회 민주주의 국가이다. 국가 원수는 5년 임기로 국회에 의해 선출되며, 수상은 다수당 대표가 국회의 동의를 얻어 국가원수가 임명한다. 각료들은 수상의 제청으로 국가원수에 의해 임명된다. 행정부는 국가원수와 의회가 선출하는 총리 및 12명의 각료로 구성된다.

입법부는 '포노(Fono)'라고 불리는 단원제 국회로 임기가 5년인 49명의 의원으로 구성되는데, 지역 선거구에서 선출되고, 나머지 2명은 비 사모아인 구역에서 선출된다. 원래는 마타이(추장)만이 의원 피선거권을 가졌으나 1990년 10월 국민투표에 의해 21세 이상의 모든 국민이 피선거권을 보유하게 되었다. 주요 정당으로 인권보호당(Human Right Protection Party) 등이 있다. 2006년 3월 31일 선거결과에 따라 인권보호당(HRPP)이 35석, 사모아민주연합당(SDUP)이 10석, 개별 정당이 4석을 차지하였다. 사법부는 치안법원, 최고법원, 항소법원 그리고 토지 문제 등과 관련된 토지 소유권 법원(Lands and Titles Cour) 등 네 가지 형태의 법원으로 구성되어 있다.

외교면에서는 남태평양포럼 및 남태평양위원회의 일원으로서 지역협력의 주체로 활동하고 있으며 그중에서도 뉴질랜드, 오스트레일리아와의 관계가 매우 깊다.

군대는 없고 경찰만 있다. 뉴질랜드와의 우호조약에 근거하여 유사시에는 뉴질랜드가 지원한다. 사모아 정부는 국제연합(UN)과 국제연합식량농업기구(FAO), 세계보건기구(WHO), 국제금융공사(IFC), 국제개발협회(IDA), 국제통화기금(IMF), 국제농업개발기금(IFAD), 남태평양포럼(SPF) 등의 국제기구에 가입하고 있다. 정규군이 없으며 비공식적으로 1962년 우호조약의 지원요청이 수락되어 뉴질랜드와 국방협력을 맺고 있다.

사모아 경제를 보면 전통적인 농업국으로 타로감자와 얌감자, 빵나무 등을 재배하며, 19세기 말부터는 코코야자를 심기 시작하여 코프라가 중요한 수출품이 되었다. 바나나, 카카오 등도 수출액의 90% 이상을 차지할 만큼 재배가 활발하다. 근해에는 가다랑어나 다랑어의 좋은 어장으로 어획량이

농산물 재래시장

많다.

관광산업이 시모아 경제의 중요한 부분을 차지하고 있다.

수출품은 수산물, 코코넛 기름, 코프라, 타로, 맥주 등이다. 주요 수출 대상국의 비중은 오스트레일리아 44%, 아메리칸 사모아 29.9%, 타이완 11.2%(2006년 기준)이다. 총수입액은 2억 8,500만 달러(2004년 기준)이며 기계류, 석유제품, 산업재, 소비재 등을 수입한다. 주요 수입국의 비중은 뉴질랜드 21.5%, 피지 14.5%, 싱가포르 13.2%, 오스트레일리아 8.6%, 일본 8.6%, 미국 6.2%, 인도네시아 5%, 중국 4.4%(2006년 기준)이다.

1994년부터 추진되어 온 경제구조 개혁정책을 통해 물가안정, 수출 증가 등 가시적인 성과를 거두고 있으며 국민의 생활 수준도 점차 높아지고 있다.

그러나 전통적인 농업에 노동 인구의 약 60%가 종사하고, 국제수지가 항상 적자인 탓에 외국의 차관과 원조에 많이 의지하고 있다.

주민은 약 300개로 구성된 마을 단위로 생활하고 있는데, 조직화한 촌락 사회는 사모아의 인구, 취락, 경제의 바탕이 되고 있다. 대가족으로 구성된 각 세대(아이가)는 '마타이'라 불리는 추장이 통솔하지만, 각 마을에는 또한 여러 명의 대추장이 있다. 마을은 전통적인 구조를 잘 유지하고 있으며, 가옥 은 광장을 중심으로 하여 둥글게 늘어서 있다. 가옥은 모두 원형, 타원형으로 낮은 석단 위에 세워져 있는데, 주로 통나무와 대나무가 재료이며 못을 사용 하지 않는다. 지붕은 사탕수수의 잎을 둥그스름하게 엮어 만든다. 내부는 기 둥만 있고 벽이 없어 외부에서 훤히 들여다보이며, 높은 습도와 통풍을 고려 하여 드나들기 쉬운 구조로 되어 있다.

복장도 많이 서구화되었지만, 전통복장을 개량하여 입고 다니는데 대표적 인 것으로 둘둘 말아서 입는 스커트 형태의 '라발라바(lavalava)'가 있다. 남 자나 어린아이들도 자주 입으며, 고위 공무원들도 공식 석상에서는 이것을 입는다. 대체로 사모아인은 옛 생활양식에 강한 애착을 지니고 있다.

교육은 상당히 보급되어 고등학교까지 설립되어 있고, 의료기관도 점차 정 비되어 가고 있다. 신문은 일간지인 〈사모아뉴스〉가 있다. 라디오 방송국이 7개 있고(2004년 기준), 텔레비전 방송국이 2개 있다(2002년 기준). 이와 함 께 네 개의 공항이 있으며, 전체 도로망의 길이는 2,337km이다. 주요 항구 는 아피아이다.

사모아 문화는 종교에 심취하는 경향이 강한 사모아인들이 전통적인 종교와 기독교를 융합시킨 문화를 발달시켰다. 주민들의 전통적인 음악 공연 피아피아(Fiafia)는 오늘날 큰 호텔 등에서 파티로 전승되고 있다. 사모아의 가장 큰 축제는 합창과 불, 칼춤, 시바(Siva, 전통춤), 파우타시(긴 배) 경주 등이 벌어지는 '테우일라 축제(Teuila Festival)'로 해마다 9월에 행해진다.

프로나 아마추어 다이버들이 모여 벌이는 8월의 폴리네시안 다이빙 축제(Polynesian Dive Fest)도 인기 있다. 이밖에도 8월에는 다수의 수상 축제가 열린다. 명절로는 1월 1일 설날과 3월 25일 앤제크데이, 4월의 부활절, 6월 1~3일 독립기념일, 10월 두 번째 일요일 어린이날, 12월 26일 복싱데이(Boxing Day) 등이 있다.

문신은 중요한 의식으로 사모아 남자들은 12~14세가 되면 허리에서 무릎까지 문신을 새긴다.

음식은 타로(Taro) 뿌리, 바나나, 코코넛, 해산물 등을 즐겨 먹는다. 돼지고기는 기념일이나 축제 기간에 주로 먹는다. 대부분 음식에는 소금을 넣은 코코넛 크림인 페페라고 하는 양념을 사용한다. 사모아인들의 문화유산 중 하나인 시바는 전통적인 춤으로 하와이의 훌라 춤과 유사하며 부드러운 몸동작이 하나의 줄거리를 연출한다.

사모아와 한국의 관계를 살펴보면 한국과 1972년 9월 15일 수교하였으며, 1973년 3월 공관을 설치하였다. 북한과는 1978년 6월 28일 외교 관계를 수립하였다가 1983년 12월 23일 단교하였다. 1992년 11월과 1996년 5월, 1998년 7월과 1999년 11월 주뉴질렌드 한국대사가 사모아를 방문하였고, 사모아는 1976년 국가원수의 방한 이래 1985년 10월과 1987년 8월 총리가 방한하였다. 1990년 10월에는 야당 당수가, 1998년 7월에는 청소년체육문화장관이 방한하였다. 2004년을 기준으로 한국 수출은 4천 달러로 미미하고, 수입은 481만 4,000달러이다. 한국으로부터의 주요 수입품은 주방 용구, 차량부품, 선박 등이다.

국토면적은 2,831km²이며, 인구는 약 20만 300명이다(2022년 기준). 수도는 아피아(Apia)이고, 화폐는 탈라(WST)와 미국 달러(USD)가 통용된다. 환율은 한화 1만 원이 사모아 22탈라로 통용되며, 전압은 220V/50Hz를 사용한다. 시차는 한국 시각보다 4시간 빠르다. 한국이 정오(12시)이면 서사모아는 오후 16시가 된다.

아피아는 독일인이 건설한 항구도시로 해안을 따라 발달해 있으며 근대적인 모습을 지닌다. 1959년에 수도가 되었다. 이 도시는 남태평양의 교통상 요지이며 무전국(無電局)도 있다. 연안에는 산호초가 많아서 항해하는 데 위험이 따른다. 대형여객선이 접안할 수 없었는데 국제연합의 원조로 매립공사가 실시되어 지금은 대형선박의 접안이 가능하다. 오스트레일리아, 뉴질랜드와 정기항로가 있으며, 서사모아의 주요 수출품인 코프라와 코코아, 바나나 등은 이곳을 통하여 수출된다. 근교에는 《보물섬》의 저자 스티븐슨(Robert Louis Stevenson)의 무덤이 있다.

아피아는 서사모아에서 두 번째로 큰 섬인 우폴루섬의 북쪽 해안 쪽에 자리 잡고 있다. 수도인 아피아는 도시라고 부르기에는 조금은 초라하지만, 규모가 크지 않아서 오히려 정감이 가는 곳이다. 상점이나 슈퍼마켓, 통신 시설과 여행 정보를 구할 수 있는 유일한 곳이기도 하다.

아피아 시내 중심가에 자리 잡고 있는 시계탑(Town Clock)은 1차 세계대전 때 남태평양 전투에서 싸우다 숨진 서사모아 군인들을 기념하기 위해 건립된 것으로 높으나 그 위치로 인해 시내에서 방향을 잃은 관광객들에게 랜드마크(Landmark) 역할을 하고 있다. 이 시계탑은 1차 세계대전에서 돌아오는 전함을 환영하는 행사에 승리가를 연주하기 위해 밴드가 자리를 잡았던 곳에 설치됐는데, 시계와 차임벨은 1868년 스웨덴에서 이곳으로 건너와 무역회사를 차려 성공한 넬슨(Nelson)의 아들 울라프 프리데릭 넬슨(Olaf Frederick Nelson)이 기증했다.

아피아에서 크로스 아일랜드 도로(Cross Island Road)를 따라 4km 정도 택시를 타거나 한 시간 정도 걸어가면 유명한 스코틀랜드의 작가인 스티븐슨의 집에 도착하게 된다. 이곳에서는 쉽게 가이드 투어에 참여할 수 있으며 도서관, 태평양 여행비망록, 가족들의 가구와 같은 여러 가지 스티븐슨의 개인 소장품을 구경할 수 있다. 또한 이 건물의 베란다에서 아피아 시내의 멋진 전망과 해안을 내려다볼 수도 있다. 이 집은 1994년에 복원이 완료되어, 현재는 그의 집이자 박물관으로 사용되고 있다. 원래 건물이 완성됐던 1890년의 실내장식 그대로를 재현하는 데 성공적이라는 평가를 받고 있다. 이 건물은 1894년 스티븐슨이 죽고 나서 주지사들의 관저로 사용되었고 그래서 내부 장식 등에 약간씩의 변화가 있었기 때문에 1994년 복원 시에 원래 1890년대 그대로의 실내장식과 외관 구성에 노력했다고 한다.

서사모아는 지구에서 시차 상 시각이 가장 늦는 나라이다. 한국과는 20시간 차이고 가장 빠른 통가나 뉴질랜드하고는 23시간 차이가 난다. 세계 지도

토수아 오션트렌치

해변 산책로

를 보면 통가와 서사모아는 아주 가깝게 놓여 있지만, 그 해협 사이로 날짜변경선이 지나가기 때문에 통가는 가장 이른 시간, 서사모아는 가장 늦은 시간이 되는 것이다. 그래서 사모아 정부에서는 이웃 나라와 생활권을 같이 하기 위해 날짜변경선을 바꾸었다.

서사모아 일정은 꼬박 3일이지만 가는 날 오늘날을 빼면 관광은 하루 일정에 불과하다.

관광지라고는 너무나 빈약해서 뚜렷하게 찾아서 볼만한 곳이 없다. 그래서 오전에는 전망이 좋은 해변에서 산책을 즐기며 유유히 떠다니는 유람선과 요트 등을 바라보면서 토수아 오션트렌치(To Sua Ocean Trench)지역을 둘

재래시장

재래시장 생활필수품 가게

러보았다. 오후에는 싱싱한 과일과 채소를 사기 위해 재래시장을 방문해서 상인들과 허물없이 흥정도 해 보고 간식으로 눈에 익은 과일들을 구입했다. 그리고 수도 아피아 시민들이 주로 이용하는 생활필수품 가게들을 이집 저집 기웃거리며 구경을 하고 마지막에는 여행에 필요한 생필품을 보충하고 일정을 마무리했다.

# 통가 Tonga

통가(Tonga)는 1970년 9월 한국과 단독으로 수교하였으며, 1980년에는 외무장관 겸 국방부 장관인 투포우(Tupou) 왕세자, 1996년에는 총리 배론 베아가 방한하였다. 2002년 11월 우리나라는 통가의 무사증입국허가 대상 국가에서 제외되었다. 한국해양연구원이 2004년 이래 통가의 EEZ 내에서 매년 해양과학조사를 하고 있다. 2005년 기준 대한 수입은 3만 4,000달러, 수출은 3만 2,000달러이다.

통가 자연환경에 대해서 살펴보면 뉴질랜드의 북동쪽 약 1,900km 지점, 남위 15~23°, 동경 173~177° 사이에 산재하는 169개 섬들은 바바우(Vava'u), 하파이(Ha'apai), 통가타푸(Tongatapu)의 세 개 그룹으로 나누어지며, 북쪽으로부터 남쪽으로 늘어서 있다. 카오(1,030m), 토푸아(518m) 등 약간의 화산섬도 있으나 대부분이 산호섬이다. 133개 섬은 무인도이다. 남쪽 끝에 위치하는 통가타푸섬이 최대이며 이곳에 수도 누쿠알로파(Nukualofa)가 있다. 연평균기온은 18~ 27℃이며, 습도는 80% 안팎이다. 2005년 기준 전 국토 중 경작 가능지는 20%이고, 농경지는 14.67%, 기타 습지 등

65.33%이다.

태평양상에 있는 통가 왕국의 역사는 10세기경으로 거슬러 올라간다. 통가왕조는 투이통가 1세가 된 아호에이투에 의하여 950년경 수립되었으며, 인접한 여러 섬에 그 세력을 떨쳤다. 1616년 네덜란드인이 통가제도를 발견하면서 서구에 알려졌으며, 1773년 제임스 쿡(J. Cook) 선장이 방문한 이후 '프렌들리제도'로 불리기도 하였다. 1790년대부터 감리교 및 가톨릭 선교사가 들어와 활발한 선교 활동을 벌인 결과 투포우 1세는 1831년 세례를 받았으며, 외국선교사의 도움을 받아 농노제도 폐지와 외국인의 토지 소유를 금지하는 통가 헌법을 1875년 제정하였다. 이에 따라 통가의 민족국가 확립 및 유럽제국의 식민지 방지 등 국가발전에 도움이 되기도 하였으나, 군주제가 현재까지 지속되어 통가가 민주국가로 발전하는 데 장애가 되고 있다.

19세기 말 베를린조약에 따라 1900년 영국의 보호령이 되었으나, 1958년 영국, 통가 우호조약이 체결되어 영국은 외교와 군사권만을 유보한 채 자치권의 확대를 인정하였다. 그 후 1970년 국제법상 왕국으로서 완전히 독립하게 되었다. 1893~1918년 투포우 2세, 1918~1965년 샬로테 투포우 3세 여왕, 1965~2006년 투포우 4세, 2006년 시아오시 투포우(Siaosi Tupou) 5세가 왕위를 계승하였다.

동질적인 부족 구성, 국왕에 대한 존경, 위계의식 및 대가족제도에 따른 권위 존중, 교회와의 깊은 유대 및 낙천적이고 평화로운 성격 등으로 인해 통가의 민주화는 앞으로 급진적인 개혁보다는 점진적인 개혁이 이루어질 가능성이 크다.

통가 정치에 대해서 살펴보면 1875년 11월 4일 헌법이 제정되고, 1967년 1월 1일 개정된 헌법에 따르면 통가는 태평양상의 유일한 입헌군주국이다. 국가를 대표하는 국왕은 세습되며 총리와 각료를 임명한다. 1965년 즉위한 타우파아하우 투포우(Taufa'ahau Tupou) 4세가 사망한 2006년 9월 11일 이후 국왕은 시아오시 투포우 5세, 총리는 펠레티 세벨(2006년 2월 11일 이후)이다. 각료는 14명으로 구성되는데, 10명은 국왕이, 4명은 임기 3년의 의회가 임명한다. 국왕이 임명하는 2명의 지사로 된 추밀원(Privy Council)이 있다. 의회는 임기 3년의 단원제로서 32석이다. 당연직 각료 14명을 뺀 나머지 18명 중에서 9명은 귀족 중에서, 나머지 9명은 국민에 의하여 선출된다. 2005년 3월 21일 총선에서 인민민주당(HRDMT)이 7석, 독립당이 2석을 획득하였다. 사법부에는 국왕이 임명하는 법관으로 구성되는 대법원, 탄원법원(법관은 대부분 해외에서 영입하여 대표회의가 임명), 지방법원(Land Court 및 Magistrate's Courts) 등이 있다.

통가 경제에 대해서 알아보면 1인당 GDP는 2,200달러, 경제성장률은 −3.5%(2017년 추산치 기준)이다. GDP의 산업별 구성 비율은 농업 25%, 광공업 17%, 서비스업 57%로 농업의 비중이 작지만, 산업별 노동력의 구성 비율을 보면 농업이 65%를 차지하여 농업의 의존도가 대단히 높다는 것을 알 수 있다. 따라서 농업 중심의 1차 산업이 바탕을 이루며, 약간의 수산물이 있을 뿐이다. 농업에 종사하는 인구는 전체 노동 인구의 65%에 해당하고, 주요 농산물은 코코넛과 코코아, 기피, 바나나, 코프라 등이다. 도지는 정부, 왕, 왕족과 소수의 귀족이 소유하며, 평민이 소유하는 예는 전혀 찾아

볼 수 없다. 단지 남자가 16세가 되면 정부 토지나 귀족 토지 중 3.4ha의 농지와 1,600m²의 택지를 차용할 수 있다. 할당받은 토지에 대하여 일정한 공납을 하는데 정부 토지를 제외하고는 모두 물납이다.

최근에는 관광 수입이 큰 비중을 차지하며 해저유전이 개발되고 있다. 대외무역은 2014년 추산 수출이 3,400만 달러, 수입이 1억 2,200만 달러이다. 2014년 기준 주요 수출 상대국은 미국과 일본, 뉴질랜드, 대한민국 등이고, 주요 수출품은 어류와 바닐라, 코코넛 기름 등이다. 주요 수입 상대국은 피지와 뉴질랜드, 미국, 오스트레일리아, 프랑스, 영국 순이며, 주요 수입품은 식료품과 가축, 기계류와 운송장비 등이다. 통가의 경제는 소수의 왕족이나 귀족에 의해 지배되는 경향이 있어 장래 부패 및 비효율성의 문제를 해결해야 하는 과제가 있다.

통가는 왕, 귀족, 마타푸레(왕이나 귀족의 자손), 평민들 4계급이 엄격하게 구별되는 사회이다. 부권이 강한 가부장적 대가족제가 뿌리박혀 있어 계층 질서의 발달이 뚜렷하며, 그 구조의 정점에는 '신의 자손'이라고 믿어지고 있는 성왕과 이를 돕는 속왕이 있어 이들이 왕국을 지배한다.

과거에는 일부다처제였으나 그리스도교가 보급되면서 오늘날은 일부일처제가 일반적으로 되었다. 의상도 예전에는 '타파(Tapa)'라고 하는 나무껍질로 만든 옷을 입었으나, 오늘날에는 수입 면 또는 화학섬유 등으로 된 의복을 착용하고 있다. 대부분 주민이 원시 농경과 어업에 종사하며 남녀 모두 문신을 새기는 풍습이 있다. 학제는 초등학교 6년, 중등학교 7년이며, 의무교육은 8년이다. 문맹률은 1.5%(2015년 기준)에 불과하다. 높은 수준의 교육을 받기 위해 뉴질랜드 등 해외로 유학을 떠나는 학생들이 많다.

통가 문화는 통가의 예술과 공예 분야로 전통을 자랑한다. 주요 공예품으로는 코코넛 잎으로 짠 바구니와 고대의 성스러운 이미지가 조각된 목각, 통가의 여성들이 자랑스럽게 착용하는 장신구 그리고 타파제품 등이 있다. 특히 통가에서 집중적으로 만들어 사용되는 타파 옷감은 통가 사회생활에서 중요한 역할을 한다. 뽕나무 껍질을 타파 옷감으로 가공하는 과정에는 많은 시간과 숙련된 기술이 요구된다.

축제는 통가인의 주요한 생활양식으로 다양한 음식과 큰 규모로 유명하다. 찐 돼지고기나 새끼돼지, 물고기, 가재, 소고기, 문어를 비롯하여 여러 종류

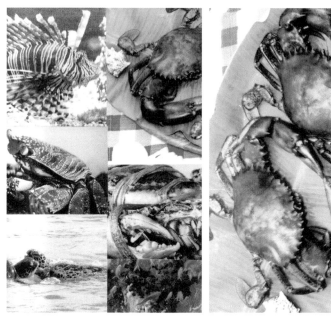

각종 해물 요리재료(출처 : 현지 여행안내서)

조개요리(출처 : 현지 여행안내서)

의 열대과일을 코코넛 잎으로 엮은 긴 그릇에 담아 먹는데, 한 번에 30인분 정도까지도 담을 수 있다. 새끼돼지를 제외하고 나머지 음식은 우무(Umu) 라고 부르는 땅속의 오븐에서 익히거나 불에 굽는다.

통가의 축제는 일반적으로 춤과 노래로 이어진다. 통가는 음악적인 재능이 풍부한 나라로서, 작은 그룹이나 혹은 수천 명이 함께 부르는 노래는 아주 유명하다. 라칼라카(Lakalaka)는 통가의 전통춤인데 12명 혹은 수백 명이 어디에서나 출 수 있다. 각각의 라칼라카는 서로 다른 이야기를 가지고 있는데 춤추는 사람은 노래를 반주로 하여 춤을 춘다. 통가의 춤은 손, 발동작에 초점을 맞추는 춤사위의 우아함이 아직도 잘 보존되어 있다.

국민에게 가장 인기 있는 스포츠는 농구와 권투, 크리켓, 럭비, 축구, 배구 등이며 크리켓과 비슷한 라니타(Lanita)라는 전통놀이가 남아 있다.

면적은 747km²(한반도의 300분의 1)이며, 인구는 약 10만 8,000명(2022년 기준)이다. 민족구성은 폴리네시아인(98%)과 기타 유럽인 등이 있다. 공용어는 통가어이며 정부와 민간 업계에서 다수가 영어를 사용한다. 종교는 기독교가 대부분을 차지한다.

화폐는 통가의 통간팡아(TOP)를 사용한다. 환율은 한화 1만 원이 통가의 20통간팡아로 통용된다. 전압은 240V/50Hz를 사용한다.

통가 왕국의 수도 누쿠알로파는 인구 3만 7,000명(2020년 기준)으로 통가타푸섬의 북쪽 해안에 면한 항구도시이다. 1840년에 조지 투포우 1세(George Tāufa'āhau I)가 수도로 정했으며, 옛 이름은 '사랑의 집(Abode of Love)'이란 뜻이다. 전체적인 위치는 누쿠알로파 시내의 높은 지대에 올라가면, 북쪽으로는 푸른 태평양이 펼쳐지고, 뒤편으로는 산호초 라군이 형성되어 있다.

누쿠알로파의 시내는 질서정연하게 블록으로 구획화되어 있는데, 이는 토지를 4각으로 구획해서 농민에게 내여한 옛 제노의 산물이기도 하다. 북쪽 해안을 따라 부나

태평양으로 바라보는 해변(출처 : 현지 여행안내서)

(Vuna) 도로가 좌우로 길게 뻗어있으며, 이 도로를 따라 정부 관련 건물이나 호텔이 많이 밀집해 있다. 그리고 시내의 타우파하우(Tāufa'āhau) 도로 양 옆으로는 쇼핑가가 잘 발달하여 있다. 예전과는 달리 시내에 차량이 늘어나 긴 했으나 아직까지 교통 혼잡이 생기지는 않는다.

현재 도시 외곽지역 쪽으로는 판자촌이 꽤 여럿 형성되면서 어느 정도 도시집중 현상이 생겨나는 중이다. 통가제도의 남부에 있는 통가타푸섬 북안에 면한 항구도시인 이곳은 5,000톤급 선박이 선적할 수 있는 부두가 설치되어 있어 통가에서 중요한 항구이다. 해안을 따라 왕궁과 관청이 있으며, 코프라 와 바닐라, 수공예품 등을 집산 및 수출한다.

폴리네시아를 통틀어 절대 놓칠 수 없는 유물이 통가타푸 동쪽 끝에 있는 하몽가 돌쩌귀 3층 석탑(Ha'amonga'a Maui Trilithon)이다. 스톤헨지 (Stonehenge)만한 돌기둥이 없다고 생각하면 오산이다. 이곳에도 거대한 삼층 탑이 위용을 자랑하며 서 있다. 이 삼층 석탑은 투이타투이(Tuitatui)의 통치 하인 13세기 초 무렵 건축되었고, 각 돌의 무게만 해도 무려 40톤이 넘는다. 이 탑이 세워지게 된 동기나 목적은 정확히 밝혀지지 않았지만, 이곳과 바다 사이의 목초지가 없다면 하지에 태양이 뜨고 질 때 태양과 이곳은 정확히 일직선이 된다.

블로우홀(Homua Blow Hole)은 산호초 바위들이 테라스 모양을 이루고 있는 곳이다. 파도가 칠 때마다 바위틈 사이로 물기둥이 솟는 모습이 장관이다. 물기둥이 솟을 때 특유의 소리가 나기 때문에 현지 사람들은 '추장의 피리'라고 부른다.

추장의 피리

통가 왕궁

통가 왕국의 왕궁은 흰색 건물에 빨간색 지붕으로 보존 상태가 아주 양호하다. 1867년 조지 투포우 1세 때 목조 건축물로 지어졌다고 한다. 그러나 일반에게는 개방하지 않아서 입구의 적절한 장소에서 기념 촬영으로 관람을 대신했다. 궁궐 서남쪽으로 약 100m 지점에는 통가에서 제일 크다고 할 수 있는 자유웨슬리언 감리교회가 있다. 이곳은 역대 통가 국왕들이 대관식을 올리는 곳이기도 하다.

쓰나미락(Tsunami Rock)은 말 그대로 쓰나미 때 태풍의 위력으로 파도에 휩쓸려 육지로 떠밀려온 거대한 바윗덩어리다. 현지 가이드의 설명이지만 이해하기 어려운 사건의 현장이다. 고개를 좌우로 돌려보았지만 명쾌한 답은 얻지 못하고 의문만이 더욱더 쌓여간다. 그래서 사진으로 의문을 대신할까

쓰나미락

한다. 실제로 쓰나미락은 해변이 아
니고 그냥 평지에 있다.

　현지어로 '마타 퐈아키나앙가(고
인돌, Mata Fa'akinanga)'라고 불
리는 대형 문설주 모양의 석물은 통
가 유적을 대표하고 있다. 눈길이
닿는 순간 영국의 스톤헨지와 이스
터섬의 모아이 석상 생각이 저절로
난다. 그 옛날 기계와 장비가 없는
시절에 이렇게 큰 거석을 정교하게
다듬어 세운 것에 대하여 이곳 인류
조상들의 지혜와 노력에 감탄할 뿐

마타 퐈아키나앙가

이다. 그러나 고대사에 대한 역사적인 기록이 없어 언제 누가 세웠는지에 관
한 내용은 전혀 밝혀진 바가 없다고 한다.

　폴리네시아 남태평양 앞바다를 정면으로 바라보는 해변에는 공원처럼 잘
다듬어진 잔디밭에 1773년 제임스 쿡 선장이 최초로 통가를 발견한 것을 기
념하기 위하여 가장자리에 표지판을 설치해 놓았다. 그러나 세계역사는 통가
에 최초 유럽인으로 상륙한 사람은 1616년 네덜란드의 탐험가 윌렘 스호우
텐(Willem Schouten)과 제이콥 레 마이레(Jacob Le Maire)로 기록하고 있
으며, 그다음 역시 네덜란드인으로 항해가인 아벨 태즈먼(Abel Tasman)이
1643년 통가에 상륙했다고 기록하고 있다.

제임스 쿡 상륙지점 표지판

탐험가 월렘 스호우텐과 제이콥 레 마이레 상륙기념 표지판

우리는 통가 최초발견자 제임스 쿡 선장의 상륙지역(Captain Cooks Site)을 비롯해서 네덜란드 탐험가 월렘 스호우텐과 제이콥 레마이레 상륙지역 그리고 네덜란드 항해가 아벨 태즈먼 상륙지역을 현지 가이드의 설명하에 두루 살펴보았다. 그리고 저녁 식사는 통가 수도 누쿠알로파지역에서 유일한 한국식당을 찾아가서 하기로 했다.

아벨 태즈먼 상륙지역 표지판

식당 간판에는 역시 'Korean Restaurant'라고 적혀 있다. 먼저 식당 여주인에게 궁금한 질문을 했다.

"어떻게 이 머나먼 태평양 섬나라에서 식당을 하게 되었습니까?"라고 하니 "우리 신랑이 원양어선 승무원으로 근무하다가 통가가 좋아서 통가에 정착하게 되었습니다. 벌써 이십오 년째가 됩니다. 그리고 식당을 하면서 남매를 키워 누나는 유럽에서 활동하다가 지금은 서울에 직장을 구하여 생활하고 있고, 동생은 스위스로 유학을 가서 거기서 유럽 여자를 만나 현지에서 잘살고 있습니다."라고 한다.

"저녁을 너무 맛있게 먹어서 보답을 어떻게 하지요?"

"그냥 식당 기본요금만 주고 가면 됩니다."

현지 파파야 나무(출처 : 현지 여행안내서)

"그나저나 오늘 저녁을 너무 맛있게 먹어서 내일 아침이 문제입니다. 우리는 내일이면 남태평양 6개국 여행을 마치고 귀국하는 날입니다."

그러자 그녀는 "그러면 내일 아침은 호텔에서 조식을 하지 마시고 우리 집에 또 오세요. 제가 내일 아침 일찍 어판장에 가서 싱싱한 생갈치를 몇 마리 사 와서 시원하고 얼큰하게 요리해 놓을게요. 내일 아침에 꼭 와야 합니다."라고 다짐을 받고 한마디 덧붙인다.

"우리 딸이 서울에서 생활하고 있어 조만간 한국에 가야 합니다."

"딸아이가 몇 년도 몇 월 몇 일생이지요?"

"○○년 ○월 ○일 ○시입니다."

그러면 딸이 언제쯤 신랑을 만날 것이고, 어떻게 살아갈 것이며, 자식은 몇 남매를 두고 살 것이라고 사주를 봐주었다.

"서울 가면 선생님이 계시는 대구에 꼭 한번 방문하겠습니다."

다음 날 잠자리에서 일어나자마자 해변에서 산책을 적당히 하고 나서 갈치찌개로 조식을 하기 위해 식당으로 향했다.

생갈치 찌개는 얼마나 맛이 있는 지 "다시 이 맛을 보고 싶으면 통가에 다시 와야지."라고 답례로 인사를 하고 "한국에 오시면 대구에 꼭 들러주세요."라고 당부하고 식당 주차장에서 식당 주인 부부와 기념 촬영을 하고 헤어졌다.

한국식당 주인 부부와 함께

통가 왕국을 집필하는 오늘은 2023년 3월 20일이다. 통가에서 아침에 갈치 찌개를 먹고 식당 주인과 헤어진 날은 2017년 8월 30일이었다. 지금까지 통가에서 만난 식당 주인이 대구에 온다는 소식이나 연락은 없었다.

# 투발루 Tuvalu

투발루(Tuvalu)는 남태평양의 중앙에 위치하고 있는 도서국가이다. 1877년 엘리스제도라는 이름으로 영국의 식민지에 편입된 이후 1892년 길버트제도와 함께 영국 보호령이 되었다. 1916년 엘리스제도는 길버트제도에 병합되었다가 1975년 분리되어 단독으로 영국의 속령이 되었으며 1978년 영국 연방의 일원으로 독립하였다.

투발루는 가장 높은 곳이 해발 3.7m이다. 환경학자들이 지금처럼 지구 온난화가 계속된다면 100년 안에 바다에 가라앉고 말 것이라고 수시로 이름을 들먹이는 나라이다.

정식명칭은 투발루 왕국이다. 날짜변경선 서쪽의 9개 섬으로 이루어진 엘리스제도가 영토이다. 섬은 평균 해발고도가 3m 정도로 낮고 지형이 평평하여 지구 온난화에 따른 해수면 상승으로 인해 수십 년간 2개 섬이 바다 아래로 잠겼다. 머지않아 전 국토가 잠길 위험에 처해 있다. 이에 따라 오스트레일리아, 피지 등 이웃 나라에 국민을 이민자로 받아 줄 것을 호소했지만 뉴질랜드를 제외한 국가들은 모두 거부하였고, 2002년부터 뉴질랜드로의 이주가 이민 쿼터에 따라 순차적으로 진행되고 있다.

수도는 푸나푸티(Funafuti)이고, 공용어로는 투발루어와 영어를 사용하고 있다. 오스트레일리아 북동쪽 4,000km 지점에 위치한 섬나라 투발루는 영국의 보호령이었다가 영국연방의 자치국으로 독립한 나라이다.

투발루는 남태평양의 9개 지역으로 흩어져 있는 섬들로 구성되어 있다. 수도 푸나푸티는 피지의 북쪽에 있다. 세계에서 두 번째로 작은 섬으로서 발전이 미흡한 나라이다. 대부분의 관광지는 수도 푸나푸티에 밀집되어 있으며, 해양스포츠나 숙박, 쇼핑 등도 주로 이곳에서 이루어진다.

투발루의 전체 면적은 25.9km²로 여의도 면적(8.4km²)의 3배 정도이다. 9개의 섬이 동경 176~180도, 남위 5~11도 사이에 퍼져 있다. 덕분에 투발루의 바다 면적은 90만 km²나 되며, 이 넓은 바다는 자원이 풍부해 투발루는 조업권을 팔아 연간 약 70만 달러를 벌어들인다. 바다가 넓어 돈이 되기는 하지만, 섬 사이를 오가는 데는 불편하기 짝이 없다. 다른 섬까지 다니는 비행기는 한 대도 없다. 정부가 소유한 두 대의 화물여객선 '니바가 2(Nivaga II)'호와 '마누 폴라우(Manu Folau)'호가 가끔 오갈 뿐이다. 니울라키타섬까지 가는 데 사흘, 북쪽 나누메아섬까지는 꼬박 나흘이 걸린다.

푸나푸티는 인구 4,000명의 자그마한 산호 환초이다(산호대는 가장 좁은 곳은 20m, 가장 넓은 곳은 300~400m에 달한다). 섬 내에는 아름다운 투발루교회 옆에 있는 공항 부근에 정부청사들이 들어서 있다. 공항에서 북쪽으로 10여 분을 걸어가면 수심이 깊은 선착장에 도달할 수 있고, 10분을 더 걸어가면 현지 마을에 도착할 수 있다.

가장 좁은 도로

푸나푸티의 가장 큰 매력은 푸나푸티라군으로 그 폭이 14km, 길이가 18km에 달한다. 이곳에서의 해양 레포츠는 수영과 스노클링이 손꼽힌다. 푸나푸티에서 가장 큰 볼거리는 거대한 산호초로서 멋진 경치를 이루고 있지만, 초호의 해변은 일부 현지인들에게는 공중화장실의 역할도 하므로 조심해서 걸어 다녀야 한다.

국토면적은 약 26km²이며, 인구는 약 11,800명(2022년 기준)이다. 종족 구성은 미크로네시아계 키리바시인과 폴리네시아계 투발루인들로 이루어져 있다. 공용어는 투발루어와 영어를 사용하며, 종교는 기독교(97%)가 절대다수이다. 시차는 한국시각보다 3시간 빠르다. 한국이 정오(12시)이면 투발루는 오후 15시가 된다. 전압은 230V/50Hz를 사용하며, 화폐는 호주달러를 사용한다. 한화 1만 원이 12.3호주달러 정도로 통용된다.

기후는 열대 해양성 기후이며 주로 무역풍의 영향을 많이 받는다. 강우량은 풍부하여 연간 2,000mm 이상이며, 기온은 26~28℃로 연교차가 작다. 연평균기온 27℃이다. 따라서 야자와 코코야자 등이 무성하고 바나나, 빵나무 등도 식생한다. 또한 바닷바람이 잘 통하여 기온에 비하면 시원해 견디기가 쉽다.

열대 폭풍이 드문 편인데 1997년에는 태풍이 세 차례 발생하였고, 당시 전체적으로 섬의 고도가 낮아 해면의 변화에 민감하게 영향을 받았다. 지표수 부족, 해안 모래의 과도한 사용, 연료를 위한 산림 벌채, 산호초의 파괴와 지구 온난화 때문에 해수면이 상승하고 있다.

UN의 한 발표에 따르면 강력한 대책이 없는 한 지속적인 해면 상승으로 투발루가 바닷속으로 완전히 가라앉을 것이라고 하였다.

국민의 절대다수(96%)가 폴리네시아인이며 나머지 4%가 미크로네시아인이다. 종교의 비율은 투발루교회(Church of Tuvalu) 교인으로 조합교회 주의자가 국민의 97%이고, 재림파교(Seventh-Day Adventist)가 1.4%, 바하이(Bahai)교가 1%, 기타 0.6%이다. 언어는 투발루어를 사용하지만, 영어와 사모아어, 키리바시어(누이섬)도 통용된다.

투발루가 세계사에 처음으로 등장한 것은 1568년 에스파냐의 A. 멘다냐가 누이섬을 발견한 이후이다.

19세기 초 부근의 두 개의 다른 섬들도 잇달아 발견되었다. 1865년 그리스도교가 전파되고(오늘날 국민의 97%가 기독교 신자) 1877년 영국인이 이주하기 시작하여 영국의 식민지화 정책이 시작되었다. 1892년 '엘리스제도'라고 명명하면서 길버트제도(오늘날의 키리바시)와 함께 영국의 보호령이 되었고, 다시 1916년 두 제도가 합병해서 길버트·엘리스제도가 되었다.

1960년대에 이르러 태평양의 도서지역에도 독립의 물결이 밀려왔으나, 이 지역의 독립은 늦었다. 1975년 미크로네시아계 키리바시인과 폴리네시아계 투발루인과의 사이에 인종적인 대립이 원인이 되어 엘리스제도는 길버트제도에서 분리되었다. '투발루'로 개칭되어 단독 속령이 되었다가 3년 후인 1978년 10월 1일 영국연방의 일원으로 독립하였다. 오늘날의 국명 투발루는 '8개 섬의 결합'을 뜻하는 투발루어에 연유한다.

1981년 독립 후 첫 총선거를 시행하였다. 1978년 제정된 헌법에 따르면 투발루의 정체는 영국 국왕을 원수로 하는 입헌군주국이다. 총독이 여왕을 대신하여 국가를 대표하며 2005년 4월 15일 텔리토(Telito)가 총독으로 임명되었다. 행정 수반인 총리는 2006년 8월 14일 의회에서 선출된 이에레미아(Apisai Ielemia)이다. 국회는 단원제이며, 8개 섬에서 선출된 의원과 겸직의원(사법 장관과 재무장관)으로 구성되는 국민의회(정원 15석, 임기 4년)가 담당한다. 행정은 국민의회가 선출하는 총리와 2명의 각료(사법 장관과 재무장관)로 구성되는 내각이 각각 담당하고 있다. 정당은 존재하지 않으며, 사법은 투발루 고등재판소와 8개 섬의 각 재판소가 취급하고, 8개의 섬에는 각각 광범위한 조례제정권을 가지는 지방정부가 있다. 외교 관계는 반공·친서방 노선을 취하고 있다. 뉴질랜드와 오랜 유대관계를 유지하였으며 기상관측소, 학교, 어업센터, 선원양성소 등의 지원을 받고 있다. 2000년 189번째 회원국으로 UN에 가입하였다.

국토가 모두 산호초로 구성되어 있으므로 투발루는 농업에 불리하며, 어업은 자급할 수 있을 정도이다. 어업 개발에 기대를 걸고 있으나 물 공급이 주로 빗물 저장에 의존하므로 어획물의 보존, 가공 등이 큰 문제이다. 정부의 재원은 우표와 동전의 판매 대금, 어업허가권, 통신면허권 등의 수입에 의존한다. 오스트레일리아와 뉴질랜드, 영국이 각출하여 1987년에 만든 국제신용기금과 한국과 일본 등의 원조를 받고 있다. 기금액은 1,700만 달러에서 1999년 3,500만 달러로 증가하였으나, 장래 원조 감소를 우려하여 대내적으로는 공공부문 감축, 정부 기능 사유화 등의 조처를 하고 대외적으로 같은 처지에 놓인 키리바시, 마셜, 나우루 등과 상호 협력하여 역내 경제 협력을 도모하고 있다.

수도 푸나푸티의 주민은 작은 촌락을 형성하여 생활하고 있다. 위생상태는 대체로 양호한 편이고, 특히 위험한 열대병은 없다. 푸나푸티에 있는 풍가팔레에는 종합병원이 있다. 투발루는 자원이 부족하여 노동력의 약 10%가 외국에 나가 일하거나 원양어업에 종사한다. 교육기관으로는 8개의 각 섬에 초등학교가 있고, 바이투푸섬에 중등학교와 선원훈련학교가 있다. 교사, 기술자 등의 전문가는 피지섬이나 길버트제도에서 훈련을 받고 있다. 학제는 초등교육 8년, 중등교육 4년, 대학교로 구성되며 의무교육은 9년으로 무상으로 실시된다. 근대적인 교통기관은 드물고 푸나푸티에 항구와 공항이 각각 하나씩 있을 뿐이다.

투발루의 문화는 14세기 이래 주변의 통가와 사모아인과 같이 폴리네시안의 전통이 강하다. 최근 주민 대부분이 그리스도교 신도가 되었지만, 전통생활에 대한 집착은 여전히 그들 생활의 중요한 부분을 차지하고 있다. 폴리네시안의 전통과 조화를 이루고는 있지만 현대 사회와 격리된 투발루는 1999년 영국 〈옵서버〉 지에 의하여 세계 최고의 인권 선진국으로 선정되었다. 종교는 생활에서 가장 큰 부분을 차지하고 일요일에 가장 중요한 행사를 한다.

푸나푸티(Funafuti) Island)섬은 투발루의 수도이자 투발루를 구성하는 섬 가운데 하나에 속한다. 인구는 2012년 인구조사 기준으로 4,492명이며, 이는 투발루 전체 인구의 절반에 해당한다.

도시의 중심에는 투발루의 유일한 국제공항으로 푸나푸티 국제공항의 청사와 활주로가 있으며, 투발루의 정부청사와 호텔, 투발루에 있는 유일한 외국 대사관인 중화민국 대사관 등이 위치해 있다.

푸나푸티 국제공항

항구 선착장

무인도 해변

원주민 어린이와 함께

원주민 어린이들과 해수욕을 즐기는 관광객들

투발루는 해수면 상승으로 인해 수몰 위기에 처해 있지만, 반면에 바다와 육지가 맞닿은 해변에는 엽서나 달력에 등장시켜도 손색이 없는 자연경관들을 자랑하고 있다. 끝없이 펼쳐져 있는 푸른 태평양 바다를 바라보고 백사장을 걸어가면 이만한 산책로가 따로 없다.

머리 위로는 미풍에 하늘거리는 야자수 나무가 시원한 바람과 함께 그늘을 드리워주고 바닷속에는 다양한 색상의 산호초가 그림같이 멋진 암초와 결합하여 각양각색 어류들의 보금자리를 제공한다.

그리고 이곳은 세계 여러 나라의 관광객들과 여행자들이 스노클링을 즐길 수 있는 장소가 되기도 한다. 시간이 허락하면 아무도 없는 무인도를 밟아보는 것도 생의 아름다운 추억으로 남을 것이다.

무인도를 가기 위해서는 카누의 크기와 비슷한 보트를 빌려서 가는 것이 제일 저렴하다. 그리고 무인도에는 사람도 없지만, 상점도 없다. 그래서 출발하기 전에 각종 먹을 음식과 생수 그리고 생활필수품을 골고루 갖추어 떠나야 한다.

바닷가에는 야자수 나무에서 떨어진 코코넛이 싹이 터 자라고 있어 위치가 좋은 곳을 골라 기념 식수로 옮겨심는 것도 보람 있는 여행과 아름다운 추억을 간직하는 데 도움이 된다고 믿어 의심치 않는다. 이 모두가 필자의 경험이다.

# Part 5.
# 폴리네시아 2
## Polynesia 2

# 처음으로 떠나는 배낭여행

    남태평양 폴리네시아지역 쿡 아일랜드, 타히티, 보라보라 등을 여행하게 된 동기부터 먼저 밝히기로 한다.

    오세아니아지역은 오스트랄라시아, 멜라네시아, 미크로네시아, 폴리네시아를 모두 합쳐도 독립국가는 15개국뿐이다. 현재 필자가 저술한 《세계는 넓고 갈 곳은 많다》 제1권 '유럽편'은 46개국으로 456페이지, 제2권 '아메리카편'은 36개국으로 416페이지, 제3권 '아프리카편'은 57개국으로 472페이지가 수록되어 있다. 이러한 문체로 '오세아니아편' 15개국을 집필한 결과 수록된 내용은 250페이지에 불과해 페이지와 두께의 균형을 맞추기 위해 지면을 늘리려고 고민을 거듭하다가 독립국이 아닌 폴리네시아지역 쿡 아일랜드, 타히티, 보라보라 등을 여행하고 북극과 남극을 더해서 제1 · 2 · 3 · 4권 모두 페이지와 두께의 균형을 잡아보기로 했다. 그리고 많은 양의 사진을 추가하여 보충하기로 가닥을 잡았다.

    그런데 집필하기 위해 여행을 떠나야 할 즈음, 주변에 태평양 오지 여행을 같이 떠나려는 여행자가 아무도 없었다. 그래서 2023년 4월 26일 나 홀로 인솔자(통역)를 대동하고 배낭여행 준비를 하여 여행을 떠나기로 했다. 생전 처음으로 떠나는 배낭여행을 위해 라면 여섯 봉지와 즉석 밥 여섯 개, 컵라면 네 개, 누룽지 한 팩, 김 20장 등을 준비하고 저가 항공사를 이용하기 위해 오클랜드 직항을 보류하고 시드니를 경유하여 오클랜드를 거쳐 쿡 아일랜드 에 도착하는 항공권을 예약했다. 호텔은 그 지역에서 제일 가격이 저렴하면 서 주방 기구가 설치된 호텔을 예약하고 배낭여행을 떠났다.

필자가 보고 느낀 대로 폴리네시아인들(마오리족)의 두드러지게 나타나는 특징과 생활 모습을 몇 가지 소개해 보기로 한다.

남녀 모두 몸에 문신을 새기는 것이 일반화되어 있으며, 여성들은 상반신 에 브래지어만 착용한 사람들이 흔하게 보인다. 택시 운전기사는 여자가 다 수를 차지하며 그중에서도 할머니가 많다. 신체 구조는 골격이 크고 덩치도 크다. 아시아 보통 사람과 비교하면 키가 크다는 느낌이 들면 2m가 넘는다. 그리고 팔목은 발목만큼 굵고, 종아리는 허벅지 정도 되고, 허벅지는 허리 굵 기 정도 된다.

그리고 간혹 여성들은 골격과 얼굴 생김새로 보아 남녀 구별이 어렵다. 구 별 방법은 긴 머리카락, 젖가슴 등이며, 목소리는 영락없는 여자 목소리로 구 별하기가 쉽다. 신발은 90% 이상이 어딜 가나 쪼리 슬리퍼를 신고 다닌다.

한편, 현지 여행안내서에 수록된 사진을 많이 활용하는 이유는 첫째, 지면 을 늘리는 데 도움이 되고, 둘째, 쿡 아일랜드와 타히티, 보라보라 등에 자천 으로 홍보대사가 되어 세계인들에게 널리 알려서 앞으로 관련 나라에 여행자 가 더욱더 증가되기를 바라는 마음에서이고, 셋째, 이 책을 구독하는 모든 분들이 눈으로나마 여행의 대리만족에 도움이 되기를 위함이다. 이러한 현상을 한마디로 '일석삼조'라 한다. 돌멩이 하나로 새를 세 마리 잡는다는 뜻이다. 이러한 작가의 심정을 모두가 헤아려 주기를 바랄 뿐이다.

# 쿡 아일랜드 Cook Islands

남태평양 폴리네시아지역 아름다운 15개 섬으로 이루어진 쿡제도의 정식 명칭은 '쿡 아일랜드(Cook Islands)'라고 한다. 이곳을 최초로 발견한 영국의 항해사 제임스 쿡(J. Cook)은 이 땅을 세 차례나 방문한 적이 있으며 국가의 정식명칭도 그의 이름을 따서 명명한 이름이다.

이 섬들은 뉴질랜드로부터 북동쪽으로 약 2,900km 떨어져 있으며 공식적으로 뉴질랜드의 해외 자치령이다.

면적은 236.7km²이며 경상남도 통영시와 크기가 비슷하다. 그러나 각 섬이 거느리고 있는 해역은 약 220만 km²에 이르고 있다. 쿡제도에 속한 섬들의 형태는 북쪽 섬들과 남쪽 섬들로 구분을 지을 수 있는데, 북쪽 섬들은 평탄한 산호초 섬들로 이루어져 있다. 반면, 남쪽 섬들은 높이 솟은 화산섬의 형체를 갖추고 있다.

그중 가장 주요 섬인 라로통가(Raro Tonga)는 남쪽 섬들에 속해 있다. 쿡제도의 전체 인구는 약 1만 8,000명이지만, 그 가운데 절반 이상이 이곳에 살고 있다. 지형적으로는 감자 모양을 하고 있으며, 수도인 아바루아(Avar-

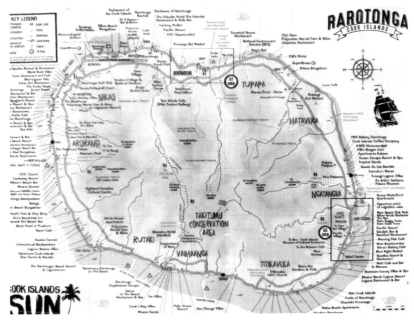

라로통가섬 지도(출처 : 현지 여행안내서)

ua)는 북쪽 해안에 위치하고 있다.

아바루아를 기점으로 해안가를 따라서 좌우로 유일하게 순환도로가 섬 전체를 둘러싸고 있다. 순환도로로부터 가끔 샛길들이 갈라져 내륙 산골짜기에 맞닿는 곳까지 마을이 형성되어 도시를 이루고 있으며 우리나라 제주도와 비슷하게 도시와 촌락이 형성되어 있다. 동서의 길이는 10km이고, 남북의 너비는 6km이다. 중앙에 높이 솟은 테망가 화산은 해발 652m에 이르고, 섬을 한 바퀴 둘러싸고 있는 순환도로의 길이는 32km에 이른다.

쿡 아일랜드는 입헌군주제를 채택하고 있으며, 국왕은 뉴질랜드 국왕 찰스 3세이다. 총독은 톰 마스터스(Tom Marsters)이며, 총리는 마크 브라운(Mark Brown)이다. 종족구성은 전체 인구 1만 8,000명 중 마오리족이 81.3%로 절대다수를 차지한다. 공용어는 뉴질랜드 영어와 마오리어를 사용하지만, 화폐는 뉴질랜드 화폐를 사용한다. 명목상으로는 뉴질랜드 해외 영토이지만, 입법권과 행정권을 보유하고 외교와 국방은 뉴질랜드 정부 책임하에 운영되고 있다.

그러나 내면에는 향후 독립국으로 유엔 가입을 목표로 하고 있어 언제 독립국가로 탄생할지는 아직도 미지수이다. 그로 인하여 벌써 53개 국가와 외교 관계를 수립하고 있으며 우리나라와는 2013년 2월 22일 단독수교(북한 미수교)로 외교 관계를 수립하고 있다. 그래서 뉴질랜드 속령이라고 할 수 있지만 본국과 자유 연합 관계를 맺고 있는 실정이다.


인천에서 호주 시드니를 경유해서 뉴질랜드 오클랜드를 거쳐서 쿡 아일랜드 라로통가 국제공항에 새벽 1시 25분경에 도착했다. 도착 즉시 콜택시를 이용해서 우리가 예약한 키이키이(Kii kii) 호텔에 도착했다.

매니저의 안내로 방을 배정받아 입실했다. 호텔은 11자형으로 건축물이 세워져 있고, 가운데에는 수영장이 준비되어 있다. 2층으로 된 호텔 건축물은 오랜 세월로 인해 많이 낙후되어 있다. 호텔이라고 부르기보다 바닷가의 펜션이라고 부르면 더 어울릴 것 같다.

그리고 실내에는 싱글 침대가 좌우로 나란히 놓여 있고, 코너에는 주방 시설이 자리 잡고 있다. 우리가 사용하기에는 안성맞춤인 것으로 여겨졌다.

창문을 열면 3면이 남태평양의 푸른 바다가 한눈에 그림처럼 들어온다. 이

쿡 아일랜드 입국장

키이키이 호텔 수영장

곳이 3박 3일간 예약한 펜션이다. 늦은 밤 여로에 지친 몸이라 바로 침실로 직행했다.

오전 9시경 매니저가 노크를 한다. 오늘만 서비스로 아침 식사를 제공한다며 식사를 넣어준다. 메뉴는 바나나 한 개와 우유 한 컵, 토스트 식빵 한 개 그리고 과일 한 개가 전부다.

오전에는 펜션 주위를 위주로 해변을 둘러보기로 했다. 어디가 천지이고 어디가 강산인지도 모르고 무작정 해변을 끼고 있는 도로를 따라 걸어봤다. 밀집된 상가도 있고 기념품 가게도 있다.

그리고 스노클링을 하는 해변도 나타난다. 그리고 무리 비치(Muri Beach)라는 곳에는 새하얀 백사장에 숙박 시설이 들어서 있고, 가장자리에는 비치

무리 비치 해변

스노클링 센터

파라솔이 점점이 세워져 있다. 한없이 넓은 바다와 넘실거리는 파도를 친구 삼아 해변에서 모래알과 진주조개를 밟고 수많은 갈매기 떼를 쫓아가며 섬나라 바닷가를 무한정으로 즐기고 석양을 바라보면서 숙소로 향했다.

다음날부터는 요령이 생겨 감자 같은 섬나라 수도 아바루아를 기점으로 처음에는 시계 방향으로 대척 지점(정반대지역)까지 가서 되돌아오고, 다음에는 시계 반대 방향으로 대척 지점까지 가서 되돌아오면 섬 한 바퀴를 둘러보는 여행 결과를 얻게 된다. 그리고 교통수단은 시내버스를 이용하기로 했다.

시내버스 요금은 1회에 뉴질랜드 머니로 5달러(한화 4,250원)이다. 기존 버스 승차장도 있지만, 어느 지역이든 손을 들면 버스를 세워준다. 현지 주민들이 승차할 때는 쿠폰을 사용한다. 아마도 외국인과 금액 차이가 있나 보다.

시내버스

얼마나 차이가 있는지 궁금하지만, 용기가 없어 물어볼 수가 없다. 오늘은 내륙으로 이어지는 길을 따라 무작정 산책하기로 했다. 제일 먼저 가족 묘지와 공동묘지가 좌우로 산재해 있는 골목에 도착했다. 이곳 남태평양 섬나라 모두가 잔디로 묘소를 조성하지 않고 대부분 직사각으로 형성된 묘소를 시멘트로 조성하여 벌초라는 자체가 사전에도 없다. 그러나 노후화된 묘소는 깨끗하게 타일로 마감 처리돼 있다. 그리고 크고 작은 묘소들은 후손들의 부와 가난을 가늠하기에 적절한 모양을 하고 있다.

그리고 이곳 주민들은 자기 집은 도로에서 안으로 들어가서 집을 짓고 살지만, 조상들의 묘소는 가족들이 출입하는 도로변에 묘소를 조성하고, 그 옆면에는 자동차를 세워두는 모습이 종종 눈에 띈다. 아마도 살아 있을 때와 똑

공동묘지

총리 집무실

같은 정성으로 조상을 모시고 있는 모습이 외국인 여행자들에게 귀감이 되는 현장이다.

산책하다가 발걸음을 우연히 멈추게 하는 곳은 총리 집무실이다. 필자가 마음속으로 제일 보고 싶고 확인하고 싶은 곳이다. 왜냐하면 총독과 총리가 상주하면 연방국이라고 불러야 한다. 그래서 필자는 쿡 아일랜드를 '뉴질랜드연방국가'라고 불러보았다.

지구상에는 200여 개 가까운 독립 국가들이 존재하지만, 그중 영연방국가는 52개국으로 전체 국가 중 4분의 1을 차지한다. 그래서 '대영제국은 해가 지지 않는 나라'라고 표현하고 있다.

그러나 총리 집무실 입구에는 대문도 없고 수위나 경비도 없다. 단지 하늘

총리 집무실

에는 국기가 펄럭이고, 담벼락에는 현수막 모양의 간판이 총리 집무실을 증명해준다.

잔디로 곱게 단장된 정원을 살금살금 걸어가서 집무실 정면을 바라보며 기념 촬영을 하고 성큼성큼 걸어 나왔다. 그러나 누구도 출입을 제지하거나 촬영을 금지하는 사람이 없다. 되돌아가는 발걸음은 빈집에 들어갔다가 살그머니 걸어 나오는 기분이다. 우리나라에서는 개인 집에 무단출입을 하여도 범죄 행위에 해당한다.

도로 가장자리 근처 포장마차에는 소고기, 돼지고기, 양고기 등을 부위별로 구워서 거기에 밥을 곁들여 지나가는 나그네와 주민들에게 판매하고 있는데 십여 명이 줄을 지어 순서를 기다리고 있다. 필자 역시 그중의 한 사람이

쿡 아일랜드 경찰청

다. 도시락을 손에 들고 바닷가로 이동해서 주민들과 어울려 허름한 테이블에 둘이서 마주 앉아 허기를 해결하고 버스 승차장으로 향했다.

그리고 쿡 아일랜드를 여행했다는 근거를 남기기 위해 기념품 가게를 보자마자 버스에서 내렸다. 많은 기념품이 필자를 기다리고 있지만, 마오리족 가면 한 점과 라로통가가 새겨져 있는 열쇠 모양의 조각품을 한 점 구입하고 또다시 무작정 걸어보았다.

무더운 날씨로 점점 갈증이 더해만 간다. 길가에 주민들이 옹기종기 모여 있다. 이 부근에 슈퍼마켓이 있느냐고 물으니 조금 더 걸어가면 있다고 한다. 그래서 슈퍼마켓에 들러 시원한 맥주를 요구했다. 그러나 없다고 손을 젓는다. 쿡 아일랜드에서는 낮에 맥주를 살 수는 있지만, 만인이 보는 앞에서 마

점심 식사 장소

실 수가 없다고 한다. 그래서 정처 없는 발걸음을 또다시 옮겨 본다.

길가에 현지인으로 보이는 중년 남성에게 "우리가 잠자는 호텔까지 여기서 걸어서 갈 수 있습니까?"라고 물어보니 고개를 절레절레 흔든다.

그러나 좌우 풍경을 친구로 삼고 도로를 벗으로 삼아 앞을 향해 걷고 또 걷는다. 갑자기 1톤 봉고차가 앞길을 가로막는다. 그리고는 적재함에 올라타라고 한다. 다름이 아닌 조금 전에 길을 물어보았던 중년 남성이었다.

고마운 마음에 신속하게 승차해서 달리는 자동차를 두 손으로 꼭 잡고 거센 바람을 정면으로 맞이하며 신나게 달렸다. 좌우로 펼쳐지는 정경을 감상하며…….

시간이 얼마 정도 지나서 자동차를 주차장에 세우고 내려서 지금부터 걸어

해상 리조트

가라고 한다. 처음에는 가는 방향이 같아서 인심을 사는 줄 알았는데, 이름도 성도 모르는 남성은 자동차를 회전하여 역행으로 바람처럼 횡하게 사라져 버린다. 아마도 외국인이 너무나 먼 길을 걸어가는 모습을 보고 어처구니가 없고 안쓰럽던 모양이다. 일부러 자기 자동차를 가지고 옆자리에 친구를 태우고 우리를 시내버스 메인 주차장까지 데려다주는 착하고도 고마운 지역 주민이다. 다시 만날 기회가 주어진다면 푸짐한 밥상으로 대접했으면 하는 마음이 그지없다.

그리고 저녁 거리와 내일 아침 식사를 위하여 슈퍼마켓에 들러 양파와 베이컨, 맥주, 물, 볶음요리 등을 구입해서 버스를 타고 숙소로 향했다.

# 아이투타키섬 Aitutaki Islands

아이투타키(Aitutaki)섬은 쿡 아일랜드(Cook Islands)에서 라로통가 (Raro Tonga)섬에 이은 제2의 섬이다. 삼각형 모양으로 형성된 섬을 대보

아이투타키섬 뷰(출처 : 현지 여행안내서)

아이투타키섬 뷰(출처 : 현지 여행안내서)

초가 둘러싸고 있어 쿡 아일랜드에서 제일 아름다운 섬이며 면적은 $18.3km^2$ 이고, 인구는 약 1,800명(2022년 기준)이다.

이곳은 라로통가섬에서 북쪽으로 약 220km 떨어져 있으며 섬 주변에 라 군을 많이 보유하고 있어 리조트를 비롯하여 많은 관광지가 있지만 방문하기 쉽지 않은 지역으로 인해 여행자들의 발길이 드물다.

아이투타키섬은 필자 역시 여행을 떠나기 전에는 까맣게 모르고 있었다. 라로통가를 여행하면서 우연히 뉴질랜드인 관광객을 통해 아이투타키섬은 '한 번은 꼭 가볼 만한 곳'이라는 정보를 입수했다.

그래서 라로통가 기념품 가게에서 아이투타키 여행안내서를 구입했다. 이 자료를 가지고 라로통가 여행의 부족한 면을 채워보기로 했다.

해양스포츠(출처 : 현지 여행안내서)

해양스포츠(출처 : 현지 여행안내서)

해양스포츠(출처 : 현지 여행안내서)

아이투타키섬 뷰(출처 : 현지 여행안내서)

아이투타키 해변(출처 : 현지 여행안내서)

아이투타키 원주민들(출처 : 현지 여행안내서)

아이투타키 해변을 즐기는 여행객들(출처 : 현지 여행안내서)

방문도 하지 못한 아이투타기섬을 저술하기에는 여행 마니아로서 자존심
이 허락하지 않는다. 그래서 사진으로나마 지면을 빌려 이 책을 읽어보는 분
들께 기여해볼까 한다.

# 타히티 Tahiti

타히티(Tahiti)는 프랑스령으로 폴리네시아지역 소시에테제도의 섬 중 가장 큰 섬으로 면적은 1,045km²이다.

인구는 약 12만 명이며 원주민이 70%를 차지하고, 나머지는 유럽계(프랑스)와 중국계 등이 있다.

1768년 프랑스 탐험가 루이 앙트완 드 부갱빌(Louis Antoine de Bougainville)이 소시에테제도의 타히티를 포함해서 14개 섬들을 프랑스령이라고 주장한 이후부터 지금까지 프랑스령 해외 영토로 남아 있다. 지형적으로는 8자 모양을 하고 있으며, 섬 가장자리에는 평탄하고 비옥한 농경지가 산재해 있어 주민들이 카사바나 고구마, 바나나, 얌 등의 농작물을 경작하여 자급자족하고 있다. 내륙 산지에 가까울수록 가파른 산들이 산맥을 이루고 있으며 내륙 중앙에는 타히티의 최고봉인 높이 2,241m 오로해나산이 전 국토를 내려다보고 있다.

가파른 산들과 깊은 계곡으로 인해 맑은 시냇물이 곳곳에서 흘러내리고 섬 가장자리 평탄한 지역마다 도시와 촌락이 형성되어 주민들이 생활 터전을 마련하여 살아가고 있다. 그러나 영농보다는 어촌이 개발되어 있어 주민들이 어업에 종사하는 인구가 절대다수를 차지한다. 그러나 세월 따라 시대의 변화로 지금은 어업에 종사하는 사람들은 보기에 힘이 들고 가는 곳마다 관광객들이나 여행자들을 상대로 각종 영업을 하여 주민들이 생계를 유지하고 있다.

그로 인하여 걸어가는 것과 처다보는 것 외에 움직이면 현금이 들어가기 때문에 언제나 주머니가 열려 있어야 한다. 결과적으로 숙박 시설, 음식점, 기념품 가게, 교통수단 등이 영업의 주 종목이다.

화폐는 태평양 프랑스 해외 영토에서 사용하는 퍼시픽프랑(CFP-XFP)을 사용한다. 한국에서 유로로 환전한 후 현지에서 바꾸어 사용하는 것이 편리하고 1퍼시픽프랑은 한화로 약 12.31원으로 통용이 되며, 현지에서는 2,000프랑, 3,000프랑 등으로 거래를 하고 있다.


2023년 4월 29일 16시 20분 라로통가에서 이륙한 비행기(G237)는 19시에 타히티 파아아국제공항에 도착했다. 입국 신고를 마치고 공항주차장에서 택시를 타고 타히티 시내에 예약된 콘티키(Kontiki) 호텔로 이동했다.

호텔 프런트(Front)에서 입실 절차를 완료하고 입실하는 순간, 한숨이 절로 나온다. 제일 저렴한 호텔을 예약했지만 너무나 열악하기가 그지없다. 내실의 크기는 $3.3m^2$(1평) 정도의 넓이에 사다리가 설치된 2층 침대, 전자제품은 미니 냉장고와 에어컨이 전부이다. 너무나 협소하여 가방도 펼쳐놓을 수가 없다. 화장실은 공동화장실을 이용하고, 아침 식사는 호텔에서 제공한

콘티키 호텔

다. 그리고 가격은 한화로 1박에 12만 원이다. 만약에 호텔이 우리나라에 있다고 가정하면 적정금액은 1박에 3만 원 정도가 적정선이다. 밀린 빨래는 비닐 팩(Pack)에 담아 정리·정돈하고, 저녁은 호텔 부근 식당 골목을 찾아가서 중국식으로 식사를 하고, 내일은 보라보라섬으로 이동하는 일정이 기다리고 있어 비좁은 호텔이지만 새우잠을 청해본다.

오늘은 타히티 여행이 오전에만 계획되어 있어 수도 파페에테(Papeete) 도심 시티투어를 진행하기로 했다. 제일 먼저 콘티키호텔 이웃에 있는 시청사를 방문했지만, 여행자들이 출입할 수 있는 정원에는 관광객들은 물론이고 수위나 경비 그리고 현지 주민들조차 없다. 시청사를 배경으로 기념 촬영을 하고 다음 여행지로 이동했다.

탑승한 비행기

　도로를 따라 지나가는 주민들의 대화 내용을 들어보면 프랑스 해외 영토이
므로 프랑스 언어를 주로 사용한다. 그러나 식당이나 기념품 가게 등에서는
세계적인 관광지이기에 영어, 스페인어, 독일어 등으로 대화를 하는 사람들
이 이합집산으로 북새통을 이루고 있다. 그리고 이곳은 후기 인상파 화가 폴
고갱이 말년에 노후를 보내며 그림을 그리기도 한 도시이기도 하다.

　그리고 파페에테 도심에 자리 잡은 대규모 재래시장인 마르쉐 중앙시장으
로 향했다. 중앙시장은 타히티 현지인들의 생활 모습을 제일 가까이에서 볼
수 있는 장소라고 할 수 있다. 오전에는 식재료 마트가 불티나게 바쁘게 움직
이고, 오후에는 기념품을 비롯하여 의류, 액세서리, 스카프 등을 고르는 여
행자들로 인해 발 디딜 틈이 없을 정도이다. 지금은 오전이므로 식재료 마트

파페에테 시청사

마르쉐 중앙시장

마르쉐 중앙시장

마르쉐 중앙시장

마르쉐 중앙시장

마르쉐 중앙시장

를 찾아다니며 기념 촬영을 제대로 마음껏 해보았다.

우리가 먹고 잠자는 콘티키호텔 도로 건너편에는 태평양 폴리네시아지역에서 최고의 항만시설을 자랑하는 파페에테항구가 수많은 배들을 정박시키고 있다.

타히티는 국제적인 공항과 국제적인 항구를 보유하고 있어 지중해 도시들에 못지않은 파페에테 도심을 형성하고 있다.

그리고 타히티는 세계적인 흑진주 생산지이며 흑진주의 대표적인 고품격 생산지로 소문이 나 있다. 그로 인하여 타히티를 찾는 여행자나 관광객들은 자연스럽게 흑진주 매장을 찾는다. 이유는 세계 최대규모의 흑진주 생산으로 인해 다른 지역보다 가격 면에서 합리적이고 저렴하게 구입할 수 있기 때문

파페에테항구

이다.

　대형 크루즈 선박이 파페에테항구에 도착하면 수백 명의 여행자가 타히티 관광을 위하여 한결같이 쏟아져 나온다.

　필자는 나무 그늘에서 여행자들의 동선을 유심히 바라보았다.

　단체여행자들과 가족 여행자들 그리고 개개인의 여행자들은 서로가 짝을 지어 자기들이 원하는 목적지로 향한다. 그중에 부유하게 보이는 사람들은 으레 흑진주 매장으로 직진을 하고, 평범하게 보이는 여행자들은 시장 또는 식당으로 그리고 기념품 가게와 관광명소 등으로 흩어져 사라진다. 특히 여성 여행자들은 관광도 좋아하지만, 기호품을 사는 쇼핑도 즐긴다.

　벌써 식당 골목에는 크루즈 여행자들로 인해 시장통처럼 북적거린다. 복잡

파페에테항구와 선착장

파페에테항구 대합실

한 식당 틈바구니에 고객들과 동참해서 점심 식사를 마치고 보라보라섬을 가기 위해 공항으로 가는 택시에 몸을 실었다.

보라보라섬과 무레아섬을 여행하고 타히티 수도 파페에테항구에 도착한 시각은 2023년 5월 2일 17시 20분이다. 호텔에 입실하기 전 저녁 식사를 하기 위해 항구 부둣가로 이동했다. 부둣가 뱃머리 공터에는 차량을 개조한 포장마차들이 주방을 정리하고 식탁과 의자들을 이곳저곳에 배치한다. 우리가 첫 손님이라 음식을 준비하느라 많은 시간이 걸린다. 이윽고 음식이 나오고 밤하늘에 별들이 반짝인다. 오늘 저녁은 길고도 짧은 여행 남태평양 폴리네시아지역 마지막 밤이다.

내일이면 뉴질랜드의 오클랜드를 거쳐 호주 시드니를 경유, 인천을 향해

푸드트럭

귀국길로 접어든다. 하나의 추억이라도 더 많이 남기려고 일부러 저녁 식사를 포장마차로 정했다. 차려진 음식을 깨끗하게 정리하고 항구의 무수히 많은 선박을 바라보며 언제 또다시 타히티를 오려나 마음속으로 기약 없는 인사를 전하고 부두와 선착장을 지나서 나그네는 숙소를 향해 한 걸음 두 걸음 걷고 또 걷는다.

흑진주 액세서리(출처 : 현지 여행안내서)

의상 디자인 전시회

폴 고갱 작품(출처 : 타히티 엽서)

해변의 여인들(출처 : 현지 여행안내서)

해변의 가족들(출처 : 현지 여행안내서)

보라보라섬을 가기 위해 비행기에 탑승하는 여행자들(출처 : 현지 여행안내서)

카누 경연대회(출처 : 현지 여행안내서)

현지 주민들의 민속놀이(출처 : 현지 여행안내서)

보기만 해도 시원한 바히티 바닷가(출처 : 현지 여행안내서)

바다거북이(출처 : 현지 여행안내서)

# 보라보라 Bora Bora

보라보라(Bora Bora)섬은 크게는 소시에테제도, 작게는 리워드제도 섬들 가운데 가장 큰 섬으로 프랑스령 폴리네시아 주도인 타히티섬 파페에테에서 북서쪽으로 약 240km 떨어져 있다.

타히티에서 비행기로 이동하면 약 50분 정도 소요되는 거리이며 타히티와

보라보라섬(출처 : 현지 여행안내서)

더불어 프랑스령 해외 영토이다.

보라보라섬 중앙에는 해발 727m의 오테마누(Otemanu)산이 우뚝 솟아있고, 바닷가 가장자리에는 물빛이 50가지를 자랑하는 라군이 형성되어 있다. 이로 인하어 여행객들은 '천연 아쿠아리움'이라고 말을 아끼지 않는다. 그리고 미국 소설가 제임스 미치너(James Albert Michener)가 "이 세상에서 제일 아름다운 섬"이라고 칭송이 자자했던 섬이다.

계절은 우리나라와 비교하면 한국의 여름은 보라보라의 건기에 해당하고, 겨울은 우기에 해당한다. 세계인들의 신혼여행지로 순위 탑으로 정평이 나있어 타히티는 몰라도 보라보라는 알고 있다. 또한 폴리네시아는 몰라도 보

해상 리조트(출처 : 현지 여행안내서)

보라보라 선착장

보라보라 선착장

할러데이라지

내로 방문을 열자 더블침대 하나가 손님을 기다리고 있다. 남자 둘이서 침대 하나로 잠자리를 이용하기에 거부 반응이 온다. 싱글 침대 두 개가 준비된 방이 있느냐고 물으니 없다고 한다. 아마도 신혼 여행객들 위주로 영업을 하는 모양이다. 2층에 스위트룸(Suite Room)이 있다고 한다. 2층에 올라가서 구경이나 한번 해보기로 했다. 투룸(더블침대 두 개)에, 주방, 욕실, 거실 등으로 이루어져 있다. 1박에 요금을 물어보니 한화로 85만 원이라고 한다. 우리가 예약한 방(37만 원)보다 금액이 곱절이나 비싸다. 마음에는 흡족하지만, 가격 면에서 너무나 차이가 있어 포기하고 원위치로 되돌아왔다. 매니저가 부탁하는 말은 아침 식사가 필요하면 미리 주문하시고 실내에서 요리나 식사는 전면 금지하라는 말과 함께 바람과 함께 사라진다.

할러데이라지 입구

저녁 식사는 여행이 배낭여행인 만큼 컵라면과 초콜릿 하나로 마무리했다. 다음 날 아침 식사는 물컵에 누룽지를 넣고, 수돗물을 끓여서 컵을 가득 채워 30분을 부풀리고, 여기에 채소 참치와 김치 참치를 곁들어 먹어보는 맛은 집에서도 가끔 해볼까 하는 생각이 들 정도로 맛있었다. 식후 소화도 시킬 겸 시내 중심지까지(2km) 도보로 산천과 바다를 구경하며 걸어서 가는 관광을 진행하기로 했다. 보라보라는 남태평양 섬인 동시에 열대지방이어서 시도 때도 없이 비가 쏟아진다. 이것을 현지어로 '스콜(Squall)'이라고 한다.

비가 오면 나무 그늘이나 처마 밑에서 빗물을 피하고, 해가 나면 걷고 또 걷는다. 그리고 저 멀리 바닷가에는 산호초가 파도에 밀려 나지막한 언덕을 이룬다. 바닷물은 파도에 밀려와서 언덕을 넘어 잔잔한 호수를 형성한다. 이

낚시로 고기잡는 배

노니

것을 가리켜 '라군'이라고 한다. 파도는 바다와 라군의 경계 선상에서 일직선으로 포말을 만들어낸다. 이것 또한 세계에서 제일 아름다운 섬이라는 이름에 한몫을 더한다.

그리고 오늘은 5월 1일 '근로자의 날'이다. 대한민국은 물론 보라보라 역시 근로자의 날로 지정되어 있다. 도로변 가게마다 문을 닫아 고요하고 적막하며 사람 찾아보기가 힘이 든다. 유람선을 타고 크고 작은 섬들을 차례차례로 둘러보고 싶지만 가는 곳마다 "오늘은 근로자의 날이라 쉬는 날"이라고 한다. 필자는 저술하기 위해 여행을 와서 다행이지 관광을 목적으로 여행을 왔다고 가정하면 큰 실수를 하고 낭패를 보게 되는 꼴이다.

그래서 택시들이 모여있는 주차장으로 향했다.

할머니 택시 기사

　할머니 택시 기사에게 "나는 여행작가입니다. 해상리조트와 그 정경을 촬영하고 싶은데 방법이나 협조를 구하고 싶습니다."라고 말했다.

　60세가 넘어 보이는 할머니 택시 기사는 "내가 보라보라 최고의 리조트 인터콘티넨털 보라보라 르 모아나 리조트(Intercontinental Bora Bora Le Moana Resort) 지배인을 잘 알고 있다."고 한다.

　택시를 타고(2,000프랑) 호텔에 가서 지배인에게 부탁해서 촬영에 협조하겠다고 한다. 호텔 입구에 내려주고 잠시 기다리라고 한다.

　잠시 후 10분만 촬영할 기회를 주겠다고 한다.

　얼마나 고마운지 단숨에 달려가 여기저기 이곳저곳을 가리지 않고 발길 가는 대로 서둘러 촬영을 마치고 정문을 나오면서 하룻저녁 숙박비가 얼마냐고

인터컨티넨털 보라보라 르 모아나 리조트

인터컨티넨털 보라보라 르 모아나 리조트 휴게소

인터컨티넨털 보라보라 르 모아나 리조트 수영장

보라보라 해변

물으니 환불이 불가능한 킹사이즈 침대방은 한화로 120만 원이라고 한다. 보통 사람이라면 생각하기에도 어려운 금액이다. 그리고 할머니 택시 기사에게 다가가서 "우리가 이 부근에서 바닷물에 손과 발도 담그고, 이곳저곳 구경도 하고, 촬영도 하면 두 시간 정도 필요해요. 두 시간 후에 이곳에서 만나지요."라고 했다.

할머니가 먼저 손을 내밀며 2,000프랑을 요구한다. 할머니에게 2,000프랑을 지불하고 주위를 돌아가며 리조트 경계를 벗어난 장소에서 리조트도 촬영하고 산책도 하며 바닷물에 들어가서 손발로 물맛도 보아가며 주민들이 살아가는 모습을 가까이에서 접하고 관광객들과 어울려 해변의 아름다움을 마음껏 즐겼다.

그러고 보니 두 시간이 가까워진다. 그래서 호텔 정문으로 이동해서 할머니를 만나 보라보라 시내 중심가로 향했다. 그로부터 할머니 전화번호를 메모해두고 할머니가 필요로 할 때 전화 한 통만 하면 쏜살같이 달려온다. 호텔에서 콜택시를 부탁하면 2,500프랑이다.

전화 한 통으로 호텔에서는 한화 7,000원 정도 수입을 잡는다. 바보가 아닌 이상 한 번 속지 두 번 다시 속지 않는다. 그리고 보라보라에서는 주민들과 고객들 사이에 고객들이 가격을 물으면 주민들의 답은 합법적인 가격이 되고, 주민들이 고객들에게 부르는 돈은 금액으로 정해진다. 결과적으로 부르는 게 값이다.

점심시간이 되었다. 남들은 모두 문을 닫고 휴업하는데 유독 중국인이 경영하는 보라보라에서 대형마트로 취급되는 마트만이 문을 열고 열심히 장사

도시락 식사 장소

도시락

를 한다. 근로자의 날인 오늘, 단독으로 영업을 해서인지 고객들이 줄을 지어 출입한다. 필자 역시 그중 한 사람이다. 눈에 익고 '입맛에 맞겠지.'라고 생각되는 도시락 두 개를 사서 밥 먹을 장소를 찾아 이리저리 헤매어도 적당한 장소를 찾을 수가 없다. 그래서 어느 가정집 마당 그늘진 곳에서 하늘을 지붕 삼고 땅바닥을 식탁으로 삼아 둘이서 마주 앉아 점심을 해결했다.

그리고 선착장으로 향했다. 날씨는 흐리고, 비는 가끔 오고, 부슬비가 부슬부슬 내리는 선착장에는 보라보라의 크고 작은 섬에서 리조트 전용 선박들이 자기 업소 손님들을 선착장에 데려다주고 여행을 시작하는 고객들을 자기 리조트로 실어 가는 소형 선박만이 오고 가는 뱃길을 이용할 뿐이다. 서서히 다가가서 "선생님과 함께 페리를 타고 귀하의 리조트 섬에 들어갔다가 다시 선

낚시터

착장으로 출항할 때 선생님과 함께 페리를 타고 선착장에 오기를 희망한다."
라고 물어보았다. 일언지하에 거절한다.

　운이 없는 사람은 시집 장가가는 날 비가 온다더니 하필이면 여행하는 날
부슬비는 내리고, 오라는 곳은 없고, 갈 곳도 없다. 바로 그때 지역 주민들
둘이서 바닷가에 낚싯대를 드리운다.

　가까이 접근하여 먼저 양해를 구하고 고기잡이에 동참했다. 생전 처음 팔
뚝만 한 고기를 한 마리 잡았다. 너무나 기쁘다. 지금까지 근로자의 날, 비가
내리는 날씨에 나그네의 서글픈 신세에 보상을 받는 순간이다.

　얼마쯤 있다가 고기를 낚시 주인에게 돌려주고 점심때 도시락을 구입한
마트로 이동했다. 마트에서 눈으로만 쇼핑을 하다가 저녁에 먹을 양식과 아

낚시로 잡은 고기

보라보라 해변(출처 : 현지 여행안내서)

해상 방갈로(출처 : 현지 여행안내서)

보라보라 방문자들을 환영하는 보라보라 합창단(출처 : 현지 여행안내서)

*Our thanks to the "Anau" folkloric dance group for their kindness in providing this special welcome to Bora Bora, on the beach of Motu Tapu. Merci au groupe de danse de "Anau" qui a eu la gentillesse de poser sur la plage du Motu Tapu pour vous souhaiter la bienvenue à Bora Bora.*

보라보라 방문자들을 환영하는 아나우 댄스그룹(출처 : 현지 여행안내서)

군사기지(출처 : 현지 여행안내서)

e of the bar/restaurants erected specially for the "Tiurai" festivities.
des bars restaurants érigés spécialement pour les fêtes du Tiurai.

Nightime is given over to the dazzling traditional dance competitions, Place Vai.
Danses de nuit sur la place de Vaitape.

roup of dancers seen just prior to going onstage in the Tiurai dance competitions.
groupe de danseurs avant la représentation folklorique des fêtes du Tiurai.

The paddling canoe races are an exciting part of the Tiurai manifestations.
Les courses de pirogues à rames font partie des manifestations du Tiur

(출처 : 현지 여행안내서)

(출처 : 현지 여행안내서)

침에 먹을 음식을 구입해서 할머니기사를 부를까 숙소까지 걸어갈까 고민을 하다가 아직 저녁 식사 시간이 많이 남아 있어 걸어서 숙소까지(2km) 가기로 했다.

숙소에 도착하는 즉시 간단한 빨래와 저녁 준비를 하고 내일이면 네 번의 비행기를 타고 귀국하기 위해 가방 정리를 해본다.

다음날 9시경 귀국 준비를 완료하고 할머니기사를 불러서 선착장으로 향했다.

# 무레아섬 Moorea Island

2023년 5월 2일 11시 30분 보라보라섬을 이륙한 비행기(VT462)는 12시 20분에 타히티 파아아 국제공항에 도착했다. 그리고 예약을 한 콘티키(Kontiki) 호텔로 이동했다.

여장을 풀고 식당 골목에 있는 중국음식점을 찾아가서 점심 식사를 마치고 무레아(Moorea)섬을 가기 위해 선착장으로 향했다. 혹시나 해서 보라보라섬에 가기 전 선박회사를 찾아가서 출항 14시 10분, 입항 17시 20분 배편을 예약해 두었다.

무레아섬은 타히티 수도 파페에테(Papeete) 선착장에서 바라보면 육안으로 보이는 가까운 거리에 있다. 정해진 시간에 배를 타고 출항했다. 30분이 조금 지나서 무레아항구 선착장에 도착했다. 항구에는 산은 높고 바다는 깊지만, 지형적으로 인해 도시라고 부르기에 어려울 정도로 열악하기 그지없다. 주민들의 설명에 의하면 택시나 버스를 타고 이동해야 전망대와 리조트 등을 구경할 수 있다고 한다. 그러나 타히티로 출항하는 마지막 배편 16시 50분에 승선을 해야 한다. 여유로운 여행시간은 1시간 20분에 지나지 않는

무레아 선착장

무레아 항구

무레아 항구

무레아 해변

무레아 범선 선착장

다. 이 짧은 시간에 왕복으로 이동하는 시간, 관광지를 찾아가서 관람이나 구경하는 시간 등은 아무리 궁리를 해도 명쾌한 답이 없다. 그래서 항구 주변을 있는 그대로 들러보기로 했다.

높은 산은 쳐다보고, 깊은 바다는 내려다봤다. 그리고 유유히 항해하는 선박들을 바라보며 기념 촬영을 하고 아무도 없는 도로를 무작정 걸어가면서 바다와 육지를 구별해서 보이는 대로, 눈에 띄는 대로 촬영에 매진하였다. 그러나 배경의 문제로 지우는 사진이 절반이 넘는다.

짧은 시간이지만 유익하게 시간을 보내고 항구에 기다리고 있는 여객선에 승선하기 위해 선착장으로 향했다.

라보라는 기억하고 있다는 유명세로 인해 지구촌 젊은이들에게 많은 사랑을 받고 있다. 세상에서 제일 아름다운 섬이라는 견해를 두고 필자의 생각으로는 보라보라섬 주변의 섬들은 대다수가 섬 주위에 라군(바닷물이 호수를 이룬다)이 형성되어 있어 바닷속의 산호초로 인해 물의 색깔이 각양각색으로 분포되어 있고 옥색으로 이루어진 바닷물은 가슴을 설레게 할 정도로 예쁘다. 그리고 그 위에 해상 방갈로가 ㅅ자, ㄴ자 모양으로 세워져 있어 그 아름다운 정경이야말로 여느 바닷가와는 비교를 거부할 정도로 아름답다. 그래서 세계에서 제일 아름다운 섬이라고 부르는 이유에 대한 견해를 밝힌다.

2023년 4월 30일 15시 25분 타히티 파아아(Faaa) 국제공항에서 이륙한

보라보라 공항 청사

보라보라 공항 청사

비행기(VT455)는 16시 15분경에 보라보라 공항에 도착했다. 보라보라섬의 면적은 약 30km²이며, 인구는 약 6,000여 명(2022년 기준)이 살고 있다. 본섬과 크고 작은 산호초 섬들은 다섯 개의 섬 구역으로 나누어져 있다. 공항섬 역시 세 번째 큰 섬으로 공항으로 건설하기에 적합한 지형을 이루고 있다. 트랩에서 내리는 순간, 하늘에서 부슬비가 내린다. 부슬부슬 내리는 빗방울을 맞으며 공항 청사로 향했다. 보라보라는 타히티와 동일하게 남태평양 프랑스 해외 영토이므로 검문검색이 없다. 곧이어 소형 페리보트(Ferry Boat)를 타고 20분을 이동해서 본섬 바이타페(Vaitape)항구 선착장에 도착했다.

그리고 호텔에서 보내준 콜택시(2,500프랑)를 이용해서 예약한 호텔 보라보라 할러데이라지(Bora Bora Holiday's Lodge)로 이동했다. 매니저의 안

Part 6.

# 북극과 남극

## The Arctic And The Antarctica

# 태양 SUN

우리가 잠자고 일어나면 어김없이 동쪽 하늘에 떠오르는 태양은 스스로 빛을 내는 항성으로 지구와의 거리가 약 1억 4천900만 km나 떨어져 있다.

지구의 사계절과 밤낮을 형성하고, 남반구와 북반구의 자연현상을 유지시켜 주는 밝고 뜨거운 거대한 물체이다. 크기는 지름이 약 130만 km이며, 지구의 약 109배나 된다. 그리고 부피는 지구의 약 130만 배에 이른다. 구성요소는 수소가 약 92%, 헬륨이 7.8%, 나머지는 나트륨, 마그네슘 등 기체 덩어리로 구성된 초대형 거대한 덩어리로 이루어져 있다.

그리고 태양 표면의 온도는 섭씨 5,500도를 가리키고 있다. 그러나 지구와의 거리가 약 1억 4천900만 km를 항상 유지하고 있어 지구상에 사람들이 살아가기에 적절한 온도를 유지시켜 주고 있다. 이것은 우주가 인간에게 내린 지상 최대의 축복이라 아니할 수 없다. 그리고 지구는 초속 약 30km로 총알(초속 약 900m)보다 약 33배나 빠른 속도로 공전을 하며 태양을 중심으로 원을 그리며 한 바퀴 도는 데 걸리는 시간은 365일 5시간 48분 46초(1년)

가 걸린다.

그러나 지구표면 북반구는 태양의 남·중 고도와 남반구는 태양의 북·중 고도에 따라 태양열을 흡수하고 유지하며 온도의 차이는 북극과 남극이 위치상 단연 최저 온도 지역으로 분리된다. 그래서 지구상에서 가장 춥다고 인정하는 북극과 남극을 차례대로 여행을 떠나 보기로 한다.

# 북극 The Arctic

북극(The Arctic)은 지구의 북쪽 끝과 인근 지역을 말하지만, 통상적으로 북위 66.33도 이상을 북극권이라고 하며 '북극'이라고 부른다.

지도상으로 보면 바다처럼 평평하게 보이지만 대부분의 북극은 남극처럼 대륙이 아니고 바다이기에 빙하로 덮여 있다. 그리고 북극점(North Pole)은 세 가지로 분리된다.

진북극(True Northpole)은 지구의 자전축 가장 북쪽 부분이다. 진북극에서 나침반을 세우면 위도는 90도가 되고, 경도는 0.00도가 된다. 드물지만 여행자나 탐험가들이 이곳에 발을 내려놓고 와서 북극점을 찍고 왔다고 한다.

지자기북극(Geomagnetic Northpole)은 지구자기장의 S극과 N극을 잇는 가상의 직선이 지구의 자전축과 일치하지 않아 진북극과 상당히 떨어져 있다.

자북극(Magnetic Northpole)은 지구의 공전과 자전으로 인해 N극이 일정하지 않으며 시간대에 따라 변동이 매우 심하다.

북극권의 세계지도를 펼쳐보면 아이슬란드가 북극권에 걸려있고, 노르웨이와 스웨덴, 핀란드 등의 북쪽 지역과 러시아 북시베리아평원, 알래스카, 캐나다 북부 그린란드 등이 포함된다. 그러나 이들 나라가 지도상으로 상당히 멀리 떨어져 있는 곳으로 보이지만 실질적으로는 지구가 둥글어서 북극점을 기준으로 상당히 가까운 거리에서 서로 마주 보고 있다.

여행 마니아들의 꿈인 북극 여행은 2017년 7월 23일 풍부한 경력의 신발끈여행사와 현지 전문업체 G어드벤처와 함께 진행하는 2017 북극 스발바르 익스프레스 단체 여행에 알찬 일정과 즐겁고 편안한 여행으로 출발했다. 이 여정은 크루즈를 타고 이 세상 최북단에 있는 마을 롱이어비엔(노르웨이어;

롱이어비엔 야경(출처 : 현지 여행안내서)

우리가 이용한 G엑스페디션호(출처 : 현지 여행안내서)

Longyearbyen)에서 출항하여 스피츠베르겐(Spitsbergen, 옛 이름은 베스트스피츠베르겐–Vestspitsbergen)섬을 7박 8일간 항해하는 일정이다.

항해 중간에 여러 번 착륙을 하며 각종 고래, 북극곰, 바다코끼리, 물범, 북극여우 등 다양한 야생 동물을 만날 수 있다. 또한 조디악 크루징을 이용해 숨이 막힐 듯한 피오르와 거대한 빙하 사이를 통과하는 조디악 활동을 할 수 있으며, 북극의 백야를 직접 볼 수 있다. 엑스페디션 가이드들에게 듣는 북극 역사와 생태계 강의 그리고 북극 바다에 뛰어드는 경험은 잊지 못할 추억으로 남는다.

또한 여행사 인솔자가 보다 편안한 여정을 위해 11일 내내 동행하며 통역을 담당하였다. 그해 2017년 여름은 지구상 가장 시원한 곳에서 피서를 즐겨

북극곰(출처 : 현지 여행안내서)

바다표범(출처 : 현지 박물관 사진)

바다코끼리(출처 : 현지 박물관 사진)

조디악 활동

보는 생애 최고의 즐거움이었다.

여행은 어디로 가느냐도 중요하지만, 누구와 같이 가느냐도 중요하다. 그러나 남극이나 북극 등 오지 여행은 그에 못지않게 여행 준비를 어떻게 해서 여행을 떠나야 하는 점도 역시 중요하다. 그래서 북극 여행의 복장, 준비물을 상세히 설명해 보기로 한다.

극지 방문을 위한 옷 선택은 개인이 추위에 얼마나 민감한지에 따라 달라질 수 있지만, 기본적으로는 현지 기상 상황을 염두에 두고 챙겨주는 것이 좋다.

일반적인 7~8월의 스발바르 기상 상태는 평균 기온이 약 5도이며, 하루 중 3도에서 7도 사이 기온이 주로 나타난다.

온종일 계속되는 일조(백야) 동안, 언제든 강풍이 불거나 비가 올 수 있다(대체로 안개 낀 흐린 날씨가 이어짐). 스피츠베르겐섬 북부와 동부는 눈으로 덮여 있다.

눈이 녹아 지면이 젖어있는 경우가 잦으며 야외 활동 중 편안함과 안전을 위해 오래 젖어있는 것을 피해야 하고 비, 바닷물이 튀었으면 물기를 바로 제거할 수 있어야 한다. 이러한 상황을 피하기 위해서는 방풍 · 방수가 가능한 재킷을 반드시 착용하길 권한다.

재킷 안에는 울 소재, 실크 소재 또는 폴라폴리스와 같은 기능성 소재 옷을 착용하는 것이 좋으며, 이는 여러 부분에서 면 소재의 옷보다 훌륭하다. 야외용으로 면 소재 의류는 피해야 한다.

보온을 위해 옷을 겹겹이 껴입는 것(레이어링)은 매우 중요하다. 너무 덥다

북극의 복장 상태

북극의 오로라(출처 : 현지 여행안내서)

조디악 활동(출처 : 현지 여행안내서)

고 느끼면 벗을 수 있고, 너무 춥다고 느끼면 입을 수 있다는 장점이 있기 때문이다.

보온성이 좋은 적당한 두께의 의류를 여러 벌 챙기는 것이 바람직하다. 더불어 방수 소재의 바지(방수 바지, 우의 바지 등으로 불리는 덧바지)를 반드시 준비해야 한다. 방수 바지는 조디악 탑승 시 필수적으로 필요하며, 야외 활동 전후 하의가 물에 젖지 않고 체온을 유지하는 데 큰 도움을 준다. 좋은 소재의 방수·방풍 옷을 입으면 극지의 추위를 효과적으로 견딜 수 있으며, 극지에서 나쁜 날씨는 없다. 다만 나쁜 옷차림만 있을 뿐이다.

극지 여행 중 이상적인 복장, 겹쳐입기는 야외에서 방수 외투와 방수 바지를 입고 외투 안에는 땀이 잘 배출되는 소재의 옷을 겹쳐 입어야 한다. 손과 발이 젖지 않도록 장화 안에 신을 두꺼운 양말과 방수용 장갑을 반드시 준비해야 바람직하다. 방한용 모자(털모자, 비니 등)를 쓰면 귀, 이마, 목 그리고 턱을 감싸 주어 체온 유지에 큰 도움을 주고 스카프나 목도리로 얼굴 주변을 감싸 목을 보호하는 것도 좋은 방법이다.

옷이나 방한용품은 폴라폴리스나 폴리에스터 소재 혹은 울이나 실크 소재가 면 소재보다 훨씬 효율적이다. 체온을 효과적으로 보호해주기 때문이다. 더불어 의류뿐 아니라 방한용품 역시 방수가 되는 소재로 준비하여 주는 것이 좋다.

가장 먼저 입는 옷 순으로 겹쳐 입으면 가장 효과적으로 추위를 막을 수 있다. 지나치게 두껍거나 많은 양의 옷보다는 편하고 실용적인 기능성 옷을 여러 벌 가져가는 것이 중요하다.

**따뜻한 바지** : 스키나 등산 등 야외 활동을 위해 만들어진 바지를 추천하고 싶다. 내복과 방수 바지 사이에 입을 튼튼한 바지를 가져가야 한다. 청바지 등의 일반 바지는 선내에서 자유일정 중에 입기 좋다.

방수 바지는 일반 바지 위에 방수 바지를 입어야 따뜻하고 젖지 않을 수 있다. 고어텍스는 방수와 땀 배출에 좋은 소재이나 기타 소재의 방수 덧바지도 아주 훌륭하다고 할 수 있다.

**보온 내복** : 실크나 폴리에스터 소재 내복은 가장 큰 추천 물품 중 하나이다. 부피가 커지는 것 없이 체온을 지켜줄 수 있기 때문이다.

**폴라폴리스 재킷·스웨터** : 울 소재의 스웨터 또는 폴라폴리스 재킷은 체온을 따뜻하게 유지시켜 준다.

장갑은 방한용 장갑 중에서도 방수가 되는 소재의 장갑을 추천한다.

**모자 / 스카프** : 정수리, 귀, 목 등 추위에 민감한 부위를 강풍으로부터 보호할 수 있고 따뜻한 양말과 튼튼하고 긴 양말을 가져가서 면 소재 양말 위에 신으면 발을 보호할 수 있다.

발이 젖을 수 있기 때문에 여러 켤레의 양말이 필요하다. 장화 안에 신는 두꺼운 양말을 준비해주는 것도 좋은 방법이다.

방수 / 방풍 재킷은 여러 겹 껴입은 옷 위에 적당한 사이즈의 후드가 달린 방수 / 방풍 재킷을 입으면 바람을 막는 데 효과적이다. 또는 바람으로부터 체온을 지켜주는 데 역시 효과적이다. 현지에서 방수 / 방풍 재킷과 내피가 제공되지만 딱 맞는 사이즈가 없는 상황에 대비하여 여벌로 재킷을 하나 정도 더 챙기는 것을 추천한다. 배낭은 여행 중 필요한 용품들을 넣기 위한 방수 나일론 백팩 또는 그 이외에 어깨에 메는 끈이 달린 비슷한 종류의 가방이 필요하다. 손을 자유롭게 하기 위해 끈이 있는 것이 좋으며 또한 소지품이 젖지 않도록 방수 커버가 있는 배낭을 추천해본다. 방수팩 등은 별도로 준비할 수도 있다.

선글라스는 물이나 빙하에 반사된 날카로운 빛으로부터 눈을 보호하기 위해 준비하는 것이 좋다. 샌들 등의 슬리퍼류는 선실에서 유용하지만 갑판에서는 안전상 신을 수 없다. 티셔츠는 선실에서 편안하게 입거나 외투 안에 받쳐 입기에 필요하다.

고무 부츠는 USA 6-16 혹은 EURO 36-49 사이에서 본인의 사이즈 혹은 한 치수 정도 큰 것으로 대여할 수 있지만 가장 작거나 큰 사이즈의 경우 물량 제한으로 대여가 어려울 수 있다.

북극 여행 동안 다이어트는 잠시 접어야 한다. 전문 셰프에 의해 엄선된 재료로 만든 식사를 매일 즐길 수 있기 때문이다. 또한 매일 다른 메뉴가 제공되며 여러 메뉴 중 선택할 수도 있다. 식사뿐 아니라 커피, 차, 뜨거운 물 또한 언제든지 무료로 제공되고, 다른 음료나 주류는 다이닝룸, 라운지 또는 바에서 추가비용을 내고 이용할 수 있다. 다이닝룸은 모든 탑승객이 한 번에 식사할 수 있을 정도로 많은 테이블이 준비돼 있다. 아침과 점심 식사는 뷔페식으로 제공되며, 저녁 식사는 코스 식으로 제공한다. 채식주의자는 물론 알레르기가 있는 음식에 대해서는 사전에 요청할 수도 있다.

그리고 매일 날씨가 허락하는 한 1회 이상 착륙하여 북극의 얼음, 물, 툰드라를 직접 밟아보며 체험을 하고 G엑스페디션호에서 소형 전동 보트인 조디

북극의 방갈로(출처 : 현지 여행안내서)

악을 이용해 육지로 이동하여 야생 동·식물을 보다 가까이에서 볼 수 있다.
7~8월은 북극의 가장 따뜻한 기간이므로 북극을 여행하기에 가장 좋은 계절
이다.

이 시즌에는 18~24시간 동안 해가 지지 않는 백야 현상을 경험할 수 있으
며, 동물들이 빙하로 나오는 시기이기 때문에 북극의 야생 동물을 보기에도
가장 좋은 기간이다. 7~8월의 북극 평균 기온은 5℃ 정도이며, 갑판에서는
바람이 차기 때문에 따뜻한 긴 소매 옷을 준비해야 한다. 2017년의 여름을
북극에서 보내게 되어 너무나 즐거웠다.

그리고 북극 여행 동안 우리가 탑승한 G엑스페디션호는 2009년 리모델링
된 쇄빙선으로, 바다를 한눈에 볼 수 있는, 창문이 있는 넓은 객실을 자랑한

조디악 활동(출처 : 현지 여행안내서)

다. 라운지와 갑판에 나오면 거대한 북극의 빙하를 눈앞에서 볼 수 있고 북극의 바람을 느껴보며 사진을 찍을 수도 있다. G엑스페디션호는 134명의 승객이 탑승 가능하며 승객 10명당 1명의 엑스페디션 전문 스태프가 동행한다.

선내에는 세계에서 가장 저명한 여행 서적인《론리플래닛(Lonely Planet)》을 포함해 일반 소설부터 북극 전문 지식 서적에 이르기까지 다양한 종류의 책을 접할 수 있다. 게다가 야외 활동 중 옷이 젖을 것을 염려하여 선내에 머드룸이 준비되어 있어 젖은 옷이나 구명조끼를 빠른 시간 내에 건조할 수 있다. 또한 선내 의사가 24시간 승객들의 안전과 건강을 책임지며 탑승객들의 신체 상태에 대해 투어 출발 전 미리 파악하고 모든 응급상황에 대한 대비가 되어 있다. 가벼운 감기나 멀미 등 어떠한 응급상황이라도 대비하며 선내

갑판에서 북극곰과 고래를 기다리는 일행들

사냥을 위해 빙상을 걸어가는 북극곰 가족(출처 : 현지 여행안내서)

우리가 이용한 G엑스페디션호(출처 : 현지 여행안내서)

거대한 빙산(출처 : 현지 여행안내서)

북극 툰드라 지역

북극 툰드라 지역 순록

조난당한 대원을 구조하는 헬리콥터(출처 : 현지 여행안내서)

지구상에서 제일 큰 새이며 날개 길이가 3m, 1회 비행거리가 5,000km인 앨버트로스새(출처 : 현지 여행안내서)

북극곰(출처 : 현지 여행안내서)     북극여우(출처 : 현지 여행안내서)

북극늑대(출처 : 현지 여행안내서)     북극 오로라(출처 : 현지 여행안내서)

에 의사가 24시간 대기 상태에 있다.

북극 여행에 사용되는 엑스페디션 크루즈는 바다 쪽으로 창을 향한 객실과 각종 편의시설 그리고 호텔 수준의 식사를 제공한다.

선내의 넓은 공용 공간과 관찰구는 지구상 가장 고립된 지역의 자연을 생동감 있는 파노라마로 선물한다.

선박은 숙련된 객실 스태프들과 각 분야에서 전문성을 인정받은 엑스페디션 리더들 그리고 극지 착륙을 가장 효율적으로 할 수 있는 승선 승객 인원을 항상 유지하고 있다. G엑스페디션호는 2009년 리모델링된 쇄빙선이며 도서관, 레스토랑, 체력 단련실 그리고 기념품숍 등의 편의시설도 갖추고 있다.

선박 내 침실(좌측 아래가 필자 침대)

그리고 객실에는 4개의 침상이 있다(1층, 2층 각 2개). 선실 구성원 배정은 성별에 국한되지 않으며, 손님 모집 상황에 따라 성별이 다른 신청자와도 한 선실에 배정된다. 최대한 성비를 유지하는 선(예 : 남성 2명 / 여성 2명)에서 이루어지며 특별한 극지방 탐험 여행인 만큼 너그러운 이해를 해야 한다.

매일 호텔 스태프들에 의해 정리가 되는 객실은 바다를 향하고 있으며 욕실도 갖춰져 있다.

스발바르제도는 노르웨이와 북극점의 중간에 자리하고 있으며, 1596년 네덜란드인 빌럼 바런츠(Willem Barentsz)에 의해 발견되었다. 85%가 빙하에 덮여 있는 스발바르제도는 짧은 봄과 가을에만 해와 달이 공존하며, 여름의 평균 기온은 6℃로 4개월간은 해가 지평선 아래로 내려가지 않는 백야(White Night)와 겨울(평균 기온 -15℃) 4개월간은 해가 뜨지 않고 밤이 지속되는 극야(Polar Night)가 계속된다.

북위 77~83도에 위치한 스발바르제도 항해를 통해 빙하와 빙산 가까이 접근하는 것은 물론 풍부한 야생지역까지 하이라이트를 놓치지 않고 한 번에 살펴볼 수 있다.

이 여행은 극지방에 살고 있는 야생을 보기 위해 선박으로만 항해하는 것이 아니라 조디악(소형 고무보트)을 통해 야생에 더 가까이 접근할 수 있으며, 야생의 땅을 직접 걸어보는 체험도 하게 된다. 고작 1년 중 몇 달 동안만 가능한 이 항해 프로그램을 통해 스발바르제도에 서식하는 북극곰과 물범, 순록, 여러 종류의 새들과 해양 생명체들을 만나볼 기회도 주어진다.

북극 여행의 하이라이트는 북극곰과 고래를 찾아 갑판에서 시간을 보내며 거대한 빙산과 장엄한 피오르 사이를 크루징하고, 24시간 해가 지지 않는 북극의 여름 백야 현상을 경험하며, 북극해에 뛰어들어 수영도 하면서 북극 툰드라의 평화로운 동·식물들을 찾아다니며 북극의 자연환경을 접하는 기회야말로 여행 마니아들의 꿈과 희망이 담긴 여행이다.

마지막으로 북극 여행을 간추려 보면 필자는 남성 1명과 여성 2명 등 4명이 선실을 배정받아 7박 8일 동안 같은 방을 사용했다. 그리고 북위 83도까지 항해하는 동안 매일 밤은 백야 현상이다. 그러나 저녁에는 잠을 자고, 낮에는 조디악을 이용해 북극의 대자연을 유람하고 다녔다. 주로 산악지형보다는 바닷가 모래사장과 완만한 툰드라지역 그리고 바다 가운데 떠다니는 유빙들을 대상으로 동·식물들을 구경하기 위해 항상 바쁘게 움직였다. 그로 인하여 북극곰은 50m의 원거리에서 다행히 볼 수 있었고, 바다코끼리는 무리를 지어 모래사장에서 잠을 자거나 일광욕을 즐기는 모습을 근거리에서 자주 보았다.

북극여우는 필자가 제일 먼저 발견하고 "여우다!"라고 소리치는 바람에 주변에 있는 모든 분이 북극여우를 보는 기회가 주어졌다.

북극 순록들은 툰드라 지역에서 생존하기 위해 가족 단위로 길이가 10cm에도 미치지 못하는 잡초나 야생화(7~8월)들을 찾아다니는 모습은 매우 다정스러웠다. 참고로 크리스마스 루돌프 사슴은 사슴이 아니고 북극 순록으로 기억하는 것이 바람직하다. 그리고 북극을 여행하기 위한 행동지침으로는 착륙하기 위해 하선할 때는 반드시 대소변을 보고 일정에 임해야 한다. 북극지방에서는 바다 혹은 육지에서 절대로 대소변을 볼 수 없으며, 이 모두가 자

순록(출처 : 현지 여행안내서)

눈썰매(출처 : 현지 여행안내서)

현지주택(게르) 실내와 개썰매(출처 : 현지 여행안내서)

연환경을 보존하기 위한 노력이다. 그리고 동물들 가까이에서는 돌을 던지거나, 고함을 지르거나, 휴지 등을 버릴 수 없다. 이를 방지하기 위해 전망대나혹은 여행객들이 다니는 길목에 소총을 지참한 자연환경 보호 감시원이 묵묵히 여행객들의 일거수일투족을 살피고 있다.

북극 여행 7박 8일 동안 바다와 얼음을 친구삼아 추위를 이겨가며 동고동락을 같이한 승무원과 스태프들은 일정을 마무리하고 헤어질 때 여행객들을국가원수 대접하듯이 일렬로 나열하여 일일이 한 사람 한 사람과 악수를 청하며 배웅한다. 이런 모습은 영화에서도 보기 드문 장면이다. 그리고 서로의상대가 보이지 않을 때까지 손을 흔들며 아쉬운 작별인사를 하는 모습은 지금도 눈에 선하다.

# 남극 The Antarctica

남극(Antarctica, 南極)은 지구의 최남단에 있는 대륙으로 한가운데 남극점이 있다. 남극대륙은 대부분 남극권 이남에 자리 잡고 있으며, 주변에는 남극해가 있다. 면적은 약 14,000,000km²로서 아시아, 아프리카, 북아메리카, 남아메리카에 이어 다섯 번째로 큰 대륙이며, 남극보다 면적이 넓은 나라는 러시아가 유일하다. 남극은 약 98%가 얼음으로 덮여 있는데(얼음으로 덮이지 않은 면적은 약 280,000km²에 불과함), 이 얼음은 평균 두께가 1.6km에 이른다.

남극은 지구상에서 가장 추운 지역이다. 1983년 7월 21일 소비에트연방의 보스토크 남극 기지에서 −89.2℃가 기록되었다. 남극은 해발고도가 가장 높은 대륙이기도 하다. 또한 남극은 지구상에서 가장 큰 사막으로 해안의 강수량은 겨우 200mm에 불과하고, 내륙은 더욱 적다. 이곳에는 인간이 정착한 거주지는 없으며, 다만 여름에는 4,000명, 겨울에는 1,000여 명의 사람이 이 대륙에 산재한 연구 기지에서 생활하고 있다. 추위에 적응한 동·식물만이 남극에 사는데 여기에는 펭귄과 물개, 지의류(地衣類) 식물 그리고 여러

남극 펭귄(출처 : 현지 여행안내서)

종류의 조류(藻類)가 있다.

남극의 영어 명칭인 Antarctica는 '북극의 반대쪽'을 뜻하는 고대 그리스어의 합성어 안타르크티코스의 여성형인 안타르크티케에서 비롯되었다. 예로부터 남쪽 땅(Terra Australis)에 대한 신화와 추측이 있었는데, 인간이 남극을 처음으로 확실하게 본 것은 1820년 미하일 라자레프(Mikhail Lazarev)와 파비안 고틀리에프 폰 벨링스하우센(Fabian Gottlieb von Belling-shausen)의 러시아 탐험대라고 한다. 그러나 발견 이후 19세기에는 남극의 적대적인 환경, 자원 부족, 고립된 위치 때문에 사람들은 이 대륙을 무시하다시피 하였다. 1890년대에 처음으로 이 대륙을 'Anatrctica'로 공식 명명한 것은 스코틀랜드 지도 제작자 존 조지 바르톨로뮤(John George Bartholomew)라고 한다.

남극조약은 1959년 12개국이 처음 체결하였으며 지금까지 서명한 국가는 46개국에 이른다. 이 조약은 군사 행동과 광물 자원 채굴을 금지하는 한편, 과학적 연구를 지원하고 대륙의 생태 환경을 보존하도록 규정하고 있다. 현재 1,000명 이상의 여러 나라의 과학자가 다양한 실험을 수행하고 있다. 북극과 달리 대륙에 위치하여 남극을 남극대륙으로 부를 경우에 지구자전축의 남쪽 꼭짓점을 남극점이라고 한다. 이는 세계에서 다섯 번째로 큰 대륙이며, 오세아니아나 유럽 대륙보다 넓다. 대체로 타원 모양을 이룬다. 서해안을 따라 트랜선탁틱(Transantarctic)산맥이 남극대륙을 가로지르며 뻗어있다.

동남극은 대륙 빙상으로 덮인 고원이며, 서남극은 남극반도와 그 주변의 섬들로 이루어져 있으나 얼음으로 서로 연결되어 있다. 대륙 빙상의 평균 두께는 2,000m이며, 이는 전 세계 얼음량의 90%를 차지한다. 남극대륙에는 한랭기후에 적응된 고유종만이 서식하고 있으며, 대륙 주변의 바다에는 많은 해양생물이 서식하고 있다. 현재 남극은 세계 전체와 환경에 대한 심도 있는 이해를 탐구하는 과학기지가 되고 있다.

북극이 바다에 위치한 데 비해서 남극은 남극대륙에 위치하는 한 지점이기 때문에, 남극을 남극대륙으로 부를 경우에 지구자전축의 남쪽 꼭짓점을 남극점이라고 한다. 영어 Antarctica(남극대륙)·Antarctic(남극의)은 Arctic(북극의)의 반대를 뜻하는 접두어 anti(ant)에서 유래했다.

남아메리카 쪽으로 돌출한 남극반도와 그 양쪽에 자리한 2개의 만(로스해와 웨들해)을 제외하면, 대체로 타원 모양을 이룬다. 로스해의 동해안과 웨들

남극 산봉우리

푸에르토 윌리엄스 선착장(출처 : 현지 여행안내서)

해의 서해안을 따라 트랜선탁틱산맥이 남극대륙을 가로지르며 뻗어있다. 이 산맥은 남극대륙을 불균형한 크기의 두 지역으로 나누는데, 더 넓은 면적의 동쪽 부분을 동남극이라고 부르며 서쪽 부분을 서남극이라고 부른다(트랜선탁틱산맥). 이러한 명칭은 동남극과 서남극 대부분 지역이 경도가 각각 동경과 서경에 속하기 때문이다.

로스해와 웨들해의 만입부는 빙상이 바다를 덮고 있는 빙붕으로 채워져 있는데, 대표적인 빙붕으로는 로스 빙붕, 론 빙붕, 필히너 빙붕 등이다. 남극대륙 연안의 빙붕은 대륙 전체 얼음 면적의 10%를 차지한다. 대륙 해안에는 빙상·빙하·빙붕에서 분리된 얼음이 빙산이 되어 떠 있다.

남극땅이라는 표지판을 들고있는 필자

남극땅에서 태극기를 손에 든 필자

남극 펭귄 마을

    남극대륙의 동·식물은 널리 분포된 얼음 때문에 한랭기후에 적응된 고유종만이 서식하고 있다. 대륙 주변의 바다는 불모의 육지에 비하면 상당히 비옥한 편으로 많은 해양생물이 서식하고 있다.

    남극대륙 주변의 바다에는 편서풍이 불고 있는데, 이의 영향으로 해류는 한류인 서풍해류가 흐른다. 1820년 물범을 찾아 남극해역에 온 항해자들은 이 해류를 타고 남극대륙을 발견하게 되었다.

    남극대륙이 발견된 해는 1820년이지만 발견한 사람에 관해서는 주장이 분분하다. 1820년 1월 20일 러시아의 벨링스하우센이, 이틀 후인 1월 22일에 영국의 브랜스필드(Bransfield)가, 11월 18일에 미국의 파머(Palmer)가 발견하였다는 것이다.

르네상스 시대까지 유럽의 지리학자들은 미지의 남쪽 대륙(Terra Australis)의 존재를 추측하였는데, 오스트레일리아 대륙이 발견되고 난 후에는 더 남쪽에 지구상의 최남단 대륙이 존재하리라 믿었다.

1772~1775년까지 영국의 항해가인 제임스 쿡(J. Cook)이 남반구의 고위도 해역을 회항하고, 최남단 대륙이 존재한다면 이는 그가 발견한 남위 60 ~70°의 부빙군보다는 더 남쪽에 있을 것이라고 확신하게 되었다.

1760년대부터 1990년까지는 스코샤해로 진입하여 아남극해와 남극해의 탐험이 이루어졌다. 이는 물개·물범·고래잡이와도 관련된다. 이 기간의 주요탐험대와 그 업적은 다음과 같다.

러시아의 벨링스하우센 탐험대는 1819~1821년에 남극대륙 주변의 바다를 회항하였고, 영국의 브랜스필드 탐험대는 1819~1820년에 남극반도의 지도를 작성하기 위해 탐험하였으며, 프랑스의 뒤르빌 탐험대는 아델리랜드의 영유권을 주장하기 위해서 1837~1840년에 탐험하였다. 미국의 윌크스 탐험대는 1838~1842년 동남극의 해안을, 영국의 로스탐험대는 1839~1843년에 로스해와 로스빙붕, 빅토리아랜드의 해안을 탐험했다.

남극대륙의 지사(地史)는 남반구의 다른 대륙과 비슷하다. 가장 오래된 암석은 30억 년 전의 선캄브리아의 것으로, 그 분포는 매우 단편적이다. 중생대까지 남극대륙은 남반구의 다른 대륙들(아프리카, 남아메리카, 오스트레일리아)과 붙어 있었는데, 당시의 통합대륙을 '곤드와나 대륙'이라고 부른다. 따라서 중생대까지 남극대륙의 지각변동과 생물 진화는 남반구의 다른 대륙과 비슷했다.

그러나 7,000만 년 전인 신생대에 들어서면서 곤드와나 대륙은 분리되어 현재처럼 대륙들로 격리되어 위치하게 되었고 각각 서로 다른 진화를 나타내게 되었다.

이의 증거로 현재의 남극대륙에 살고 있지 않은 다양한 종류의 화석을 들 수 있다. 남극대륙에서 발견한 중생대의 파충류와 양서류의 화석은 남반구의 다른 대륙의 것들과 유사하다. 뿐만 아니라 1982년에는 웨들해의 시모어 섬에서 포유류와 유대류의 화석도 발견되었다. 이를 통해 신생대 초기까지는 남극대륙에 대륙 빙상이 형성되지 않았으며, 신생대 중기 이후 대륙 빙상이 확장하여 육상동물이 급격히 감소한 것으로 추정된다. 남극대륙의 지질구조는 단층지괴인 트랜선탁틱산맥에 의해서 동남극과 서남극으로 구분된다.

동남극은 선캄브리아대의 순상지로 곤드와나 대륙 당시에는 인도 및 오스트레일리아와 붙어 있었을 것으로 추정된다. 서남극은 보다 새로운 중생대 및 신생대의 변동대로, 남아메리카의 안데스산맥 남쪽과 붙어 있었을 것으로 추정된다.

동남극이나 서남극의 지각의 평균 두께는 다른 대륙과 비슷하다. 서남극은 그 위를 덮은 얼음이 모두 녹으면 해양 군도가 될 것으로 추정해왔으나, 그 두께가 32km로 추정되어 해양지각이 존재하지 않는다고 밝혀졌다. 동남극 지각의 평균 두께는 40km에 이른다. 남극대륙에서는 지진이 나타나지 않고 있으며, 지진 활동은 본 대륙 주변의 해령에서만 나타나고 있다.

남극 여행은 2019년 1월 11일 인천에서 출발, 카타르 도하 그리고 아르헨티나 부에노스아이레스를 경유해서 최종 목적지인 남미 최남단 우수아이아(Ushuaia)에 2019년 1월 13일 저녁 늦게 도착했다.

1월 14일 우수아이아 / 푸에르토 윌리엄스(Puerto Williams) 일정은 조식 후 오전에는 자유롭게 시내를 둘러보는 자유 시간을 가졌다. 오후 3시경 항구로 이동, 4시경에 승선하여 비글해협(Beagle Channel)을 지나 푸에르토 윌리엄스로 향했다.

푸에르토 윌리엄스는 티에라 델 푸에고(Tierra del Fuego)와 케이프 혼(Cape horn) 사이에 위치한 지구의 최남단 마을로 실질적으로 남극과 가장 가깝다. 청정한 공기, 눈 덮인 산과 푸른 바다가 전부인 이곳은 원래 무인도였으며, 칠레에서 만든 해군 기지이자 전략 기지로, 해군과 그 가족들이 약 2,000여 명가량 살고 있다.

도심에서 조금만 벗어나도 울창한 숲을 볼 수 있으며, 토레스 델 파이네(Torres del Paine)로 향하는 150km에 달하는 기차도 다닌다. 남극으로 떠나는 크루즈가 출발하는 우수아이아와는 비글해협을 사이에 두고 서로 마주보고 있으며, 남극 관광산업의 발전으로 지역 경제가 빠른 속도로 성장하고 있다. 실제로 인구도 증가하는 추세에 있다.

1월 15일 케이프 혼 / 드레이크(Drake) 해협에서는 바람과 파도의 상황이 허락하여 케이프 혼에 들러 조디악 보트를 타고 등대가 있는 칠레 기지를 방문하고 난 후 케이프 혼에서의 일정이 끝나서 다시 크루즈에 올라 드레이크 해협을 건너기 시작했다.

우수아이아박물관

우수아이아박물관

케이프 혼은 남아메리카 대륙의 최남단에 있는 곳으로, 칠레의 티에라 델 푸에고제도에 위치한다. 대서양과 태평양을 잇는 케이프 혼은 1616년 네덜란드 동인도회사 탐험대의 제이콥과 윌리엄에 의해 발견되었으며, 당시 그들이 타고 있던 배인 'Hoorn'의 이름을 땄다. 이곳은 드레이크 해협의 북쪽 경계선에 자리하고 있으며, 오스트레일리아에서 나는 양모와 곡식 등을 유럽으로 운송하거나 뉴욕에서 샌프란시스코까지 대형 뱃짐을 나르는 이동 통로로서 중요한 역할을 담당했다. 오랫동안 세계를 돌며 무역을 행했던 범선들이 이용하던 범선의 항로, 클리퍼 루트(Clipper Route) 역할을 했지만, 집채만 한 파도와 거센 바람, 빠른 해류와 유빙 때문에 선원들에게는 악명높은 곳이었다.

1914년 파나마 운하가 개통된 이후로 케이프 혼을 따라 항해하는 무역선들은 눈에 띄게 줄고, 관광을 목적으로 방문하는 지역이 되었다. 안데스 콘돌과 마젤란 펭귄들이 보이고, 앨버트로스 모양을 한 기념비에는 사라 비엘이 케이프 혼에서 목숨을 잃은 이들을 위로하는 시가 적혀 있다. 앨버트로스는 '바다에서 목숨을 잃은 선원들의 영혼'이라는 전설이 전해 내려온다.

드레이크 해협은 1578년 영국의 항해사이자 탐험가인 프란시 드레이크(Francis Drake)경이 이곳을 처음 발견하여 그의 이름을 따서 드레이크 해협이라고 부르며 지구상에서 파도와 물살이 제일 거센 해협으로 정평이 나 있다. 그로 인하여 지금까지 뱃멀미를 해본 적이 없는 필자이지만 밀려오는 뱃멀미는 참을 수가 없다. 참다못해 보건의를 찾아가 주사를 맞고 약을 먹고 난 후 안정에 이르렀다. 참고로 드레이크 해협을 통과하는 승객들은 모두가

조디악 활동(출처 : 현지 여행안내서)

펭귄마을(출처 : 현지 여행안내서)

남극에서 세계주요 도시들과의 거리표지판

의사의 처방을 받는다고 보면 된다.

1월 16일은 드레이크 해협을 건너 사우스 셰틀랜드제도(South Shetland Islands)로 향했다. 선내에서 다양한 강의가 이뤄지고 자유 시간에는 선내 바(Bar), 도서관(Library) 등을 이용해 보았다.

1월 17일에는 사우스 셰틀랜드제도에 도착, 조디악을 타고 펭귄 서식지와 기지 등을 방문했다. 빙하와 유빙이 빚어내는 절경을 감상하고, 각종 바닷새와 펭귄들, 바다표범, 고래 등 남극의 야생동물들을 만나게 되어 그 기쁨은 이루 다 말할 수 없다. 그리고 셰틀랜드 군도에 위치한 여러 섬 중 1~2개의 섬에 착륙하여 남극의 척박한 자연환경을 극복한 생명체들을 만나고, 남극해의 차가운 물살을 가르는 조디악 크루징은 지금도 잊지 못할 추억으로 남아 있다.

1월 18일 오늘은 남극 여행을 마무리하는 날이다. 조식 후 일찍 킹조지섬(King George Island)에 도착해서 칠레 프레이(Frei) 기지와 러시아 벨링하우센(Bellingshausen) 기지 등을 차례로 방문했다. 국가의 부름을 받고 이곳에 와서 근무하고 있는 연구소대원들의 모습이 가끔 눈에 띈다. 가장 추울 때는 기온이 영하 89도까지 내려간다고 한다. 상상만 해도 소름이 끼친다. 그리고 이곳도 사람들이 사는 곳으로 지구상의 초미니 교회가 필자를 기다리고 있다. 그리고 바로 이웃에는 세계 유명 도시들과의 거리 표지판이 하늘 높은 줄 모르고 서 있다. 기념사진을 남기고 남극 여행을 마무리하는 순간, 하늘에서 진눈깨비가 내리더니 점점 눈방울이 커지기 시작해 시야가 어지럽게 눈이 내린다.

사방을 바라보아도 차량으로 이
용하는 도로나 자동차가 전혀 눈에
보이지 않는다. 오직 길은 하나밖에
없다. 걸어서 흰 눈을 펑펑 맞으며
30분 가까이 걸었다. 눈에 젖은 겉
옷은 동태가 되어 있고 푸르스름한
피부와 살가죽은 동태 직전으로 변
해 있다.

이윽고 저 멀리 비행기 한 대가
보인다. 아마도 우리가 타고 갈 비
행기라고 생각하며 트랩에 도착했
다. 승무원이 추우니까 도착하는 순

남극 초미니 교회

서대로 비행기에 탑승하라고 한다. 잠시 겉옷을 벗어버리고 비행기에 탑승하
는 순간, 남극 여행의 모든 일정을 마친다. 동시에 오세아니아(태평양 섬나
라), 유엔가입국 15개국을 완주하고 뉴칼레도니아, 쿡 아일랜드, 타히티, 보
라보라섬 그리고 남극과 북극을 여행한 보람으로 가슴 벅찬 감동의 순간을
맞이했다.